Christiane Brandes-Visbeck | Ines Gensinger

Netzwerk schlägt Hierarchie

Christiane Brandes-Visbeck | Ines Gensinger

Netzwerk schlägt Hierarchie

Neue Führung mit Digital Leadership

REDLINE | VERLAG

Bibliografische Information der Deutschen Nationalbibliothek:
Die Deutsche Nationalbibliothek verzeichnet diese Publikation in der Deutschen National-
bibliografie; detaillierte bibliografische Daten sind im Internet über http://d-nb.de abrufbar.

Für Fragen und Anregungen:
lektorat@redline-verlag.de

1. Auflage 2017

© 2017 by Redline Verlag, ein Imprint der Münchner Verlagsgruppe GmbH,
Nymphenburger Straße 86
D-80636 München
Tel.: 089 651285-0
Fax: 089 652096

Redaktion: Monika Spinner-Schuch, Bad Aiblingen
Umschlaggestaltung: Isabelle Dorsch, München
Satz: Daniel Förster, Belgern
Druck: GGP Media GmbH, Pößneck
Printed in Germany

ISBN Print 978-3-86881-682-2
ISBN E-Book (PDF) 978-3-86414-977-1
ISBN E-Book (EPUB, Mobi) 978-3-86414-978-8

Weitere Informationen zum Verlag finden Sie unter

www.redline-verlag.de

Beachten Sie auch unsere weiteren Verlage unter www.m-vg.de

Inhalt

Individuelle Führung: Nicht jeder wählt dieselbe Route

Warum gute Führung in Zeiten des digitalen Wandels mehr Vertrauen und weniger Kontrolle benötigt. Und wie es gelingt, ohne Angst zu führen.

Er brachte es auf den Punkt: »Just setting up my twttr.« Das schrieb Jack Dorsey am 21. März 2006 auf Twitter. Dorsey ist einer der Twitter-Gründer, und es war der erste Tweet überhaupt. Als Forschungsprojekt zur internen Kommunikation für Mitarbeiter gestartet, war »Just setting up my twttr« nichts weniger als ein Start in eine neue Zeit. Inzwischen werden weltweit täglich bis zu 500 Millionen Tweets abgesetzt. Twitter hilft, direkt zu kommunizieren, mehr zu erfahren, sich zu vernetzen und, ja, auch zu führen.

Politiker, Stars, Sportler und immer mehr Manager und Unternehmen nutzen den Mikroblogging-Dienst. Wenn auch teilweise noch sehr zögerlich. Denn: Der erste Tweet kostet Überwindung und Zeit.

Lloyd Blankfein, Vorstandschef der Investmentbank Goldman Sachs, hatte sich schon 2011 einen Account eingerichtet. Seinen ersten Tweet überhaupt postete er am 1. Juni 2017, also sechs Jahre später, als er sich genötigt sah, US-Präsident Donald Trump wegen des Ausstiegs aus dem Pariser Klimaschutzabkommen zu kritisieren. Also twitterte Blankfein: »Die heutige Entscheidung ist ein Rückschlag für die Umwelt und für die Führungsrolle der Vereinigten Staaten in der Welt.« Das war direkt, unverfälscht, schlug hohe Wellen – und der Nachrichtendienst erwies sich wieder einmal als

Führungsinstrument. Als einfaches Instrument, um eine Meinung, oder mehr noch: um eine Richtung vorzugeben. Klassische Führung sozusagen.

Das Beispiel Blankfein ist aber auch ein Symbol für die Zögerlichkeit von Führungskräften, was den Einstieg ins digitale Zeitalter betrifft. Man ist sich einfach nicht sicher, traut sich nicht. Oder erst, wenn es gar nicht mehr anders geht.

Sie verschanzen sich in ihren Büros

Diese »digitale Zurückhaltung« haben wir beide, Christiane Brandes-Visbeck und Ines Gensinger, im Alltag, in der Beratung und in Unternehmen häufig erlebt. Viele der Manager, Unternehmer und auch nicht wenige Mitarbeiter sind zwar überzeugt, dass es richtig ist, sich digital zu engagieren, doch es besteht auch eine Mischung aus Furcht und Desinteresse.

Die einen hoffen immer noch, es könnte sich um eine vorübergehende Mode handeln. Die anderen haben schlichtweg Angst, technologisch den Anschluss verpasst zu haben. Statt sich helfen zu lassen, igeln sie sich ein, spielen weiter den Chef, fühlen sich aber in ihrer Rolle als Führungskraft mehr und mehr überfordert. Viele Führungskräfte verschanzen sich in ihren Büros, sprechen kaum noch, vermeiden den Kontakt zu den Kollegen und hoffen, dass ihnen niemand auf die Schliche kommt.

Das ist heikel. Statt – und das ist der Ausgangsgedanke unseres Buches – die Digitalisierung als Chance für eine neue Führungskultur zu erkennen, als Chance für Digital Leadership zu erkennen.

Eins vorweg: Bei Digital Leadership sind uns zwei Begriffe besonders wichtig: *Mindset* und *Haltung*. Diesen Begriffen werden Sie in diesem Buch öfter begegnen. Sie sind zentral. Aus einem einfachen Grund: Digital Leadership beginnt in unseren Köpfen. Umdenken ist der erste und wichtigste Schritt. Und wenn sich da etwas getan hat, gehen Sie die Dinge anders an. Wir zeigen Ihnen Wege, wie diese Änderungen, diese Selbsttransformationen in Zeiten des digitalen Wandels gelingen können. Wir sagen Ihnen nicht, was Sie machen *müssen*.

Es gibt zwar einen kleinen Test. Aber keine Abschlussprüfung. Es gibt Orientierungshilfen, aber keine ausgebaute sechsspurige Autobahn zur »erfolgreichen Digital Leadership«. Wer das verspricht, ist ohnehin unseriös. Es gibt viele Wege dahin. Weil eben nicht jeder dieselbe Route fährt.

Wir orientieren uns dabei an den Star-Trek-Abenteuern – und brechen gemeinsam mit Ihnen in ferne Galaxien auf: »Boldly go to where no man has gone before.« Erinnern Sie sich? Das waren die Worte aus dem Off zu Beginn einer jeder Star-Trek-Folge. Die Mission von Captain Kirk und seiner Crew war klar definiert: fremde Welten erforschen, neues Leben und neue Zivilisationen entdecken und mutig dahin gehen, wo noch kein Mensch jemals war. »Boldly go to where no man has gone before« ist auch ein perfektes Motto für die digitale Transformation von Unternehmen!

»Boldly go« heißt so viel wie »mutig vorangehen«

»Boldly go« beschreibt genau das, was in Zeiten des Umbruchs von Entscheidern und Unternehmenslenkern erwartet wird: sich mutig aufzumachen in eine ungewisse Zukunft, ohne alle Antworten zu kennen. Eben das Risiko kalkuliert einzugehen, sich mit allem Fremden vertraut zu machen und alle Mitreisenden zu motivieren, diesen unbekannten und sicherlich hindernisreichen Weg voller Begeisterung und Tatkraft mitzugehen.

Dieser Mut und Wille, sich in unbekannte Welten zu begeben, ist heutzutage für Unternehmen überlebenswichtig. Das Dilemma: Expeditionen ins Unbekannte folgen nicht immer einem ganz exakten Plan, die Routen sind eben nicht »ausgebaut«, der Weg nicht vorgegeben, gerade bei Star Trek nicht. Aber der Glaube an sich selbst und ihre Fähigkeiten haben die Enterprise-Crew immer weiter geführt.

Deshalb widmen wir uns nicht nur den Herausforderungen der Digitalisierung, sondern richten den Scheinwerfer vor allem auch auf Ihre Fähigkeiten, Ihre bereits vorhandenen Kompetenzen. Diese sichtbar zu machen, ist eine der wichtigsten Aufgaben auf dem Weg zur Digital Leadership.

Große Worte aus dem Wirtschaftsteil

Uns ist bewusst: Digital Leadership klingt wie einer jener Begriffe, die durchaus Furcht einflößen können. Die moderne Wirtschaftswelt wird dominiert von diesen Buzzwords, die schick und lässig klingen, wie beispielsweise Agile Collaboration, Personalized Employment oder Strategic Workforce Planning, die aber Manager noch mehr unter Druck setzen. Sie lesen diese großen Worte in Wirtschaftszeitungen, in Büchern, und haben nicht selten das Gefühl, sich komplett neu erfinden zu müssen.

Diese Manager kommen aus einer Zeit, als Erfolg bedeutete, die perfekteste Lösung zu entwickeln. Die Tüftler, die Ingenieure, die Techniker des Landes vertrauten auf ihre Kunst, die perfekteste Maschine, den ausgefeiltesten Antrieb zu bauen. Führung hieß vor allem, diese Perfektion zu verordnen und mit festgeschriebenen Arbeitsprozessen abzusichern.

Die Digitalisierung perfektioniert diesen Anspruch. Vor allem im Produktionsprozess: Alles vernetzt sich – Stichwort »Industrie 4.0«. Die Schraube sagt der Maschine, wie sie hergestellt werden möchte. Werkstücke und Produktionsmaschinen »denken mit«. Sie organisieren in Eigenregie die Herstellung mit Funkmodulen, intelligenten Robotern, Sensoren und Minichips. Fertigungslinien sind keine starren Systeme mehr, und die Produkte verlassen die Fabrik als »Informationsträger«.

Und das, was für Maschinen gilt, soll jetzt auch für die Menschen gelten. Forschung und Entwicklung sollen keine abgeschotteten Bereiche mehr sein, Kunden sollen frühzeitig in die Innovationsentwicklung eingebunden werden. Co-Creation- oder Co-Development-Prozesse müssen organisiert werden, die User Experience ist ein wichtiger Baustein für den Produkterfolg. Kundenorientierung ist das A und O. Dafür werden Daten gesammelt und analysiert. Neue Jobs wie Data Analyst und Data Scientist wollen integriert werden. Und um diese Anforderungen effektiv umzusetzen, braucht es gute Führung: Digital Leadership.

Heute müssen oft weit verstreute Teams geführt werden. Arbeitsort und Arbeitszeit werden flexibler gehandhabt, der eine arbeitet zu Hause, die andere im Büro. Eine Führungskraft muss diese dezentralen Teams nicht nur führen, sondern motivieren, muss Sinn stiften, die Work-Life-Balance der Mitarbeiter organisieren, Kommunikationsräume schaffen, sozial kompetent sein, den Mitarbeitern Kreativität ermöglichen – und anderen die Furcht nehmen. Obwohl sie sich selbst ja keineswegs sicher ist.

Muss der Chef auf alles eine Antwort haben?

Sicher ist hingegen: Die Eigenverantwortung jedes Einzelnen wächst. Die gute alte Obrigkeitskultur, als man tat, was der Chef sagte, dieser unerreichbar in seinem Büro verharrte und nur ab und zu herauskam, um die Mitarbeiter zu fragen: »Na, wie läuft's?«, hat ausgedient. Heute wünschen sich Unternehmen zunehmend Mitarbeiter, die einfach machen. Die kreativ und innovativ sind. Die sich zum Teil auch selbst führen.

Das ist die Kehrtwende. Und doch: Viele Angestellte leben in dem Glauben, die Arbeit sei gut organisiert, wenn der Chef sagt, was gemacht werden muss, und dieser Chef auf alles eine Antwort hat. Was, wenn es auf einmal ganz anders ist?

Das mit dem Auf-alles-eine-Antwort-Haben war schon immer schwierig. In Zeiten des digitalen Wandels wird es noch um einiges schwieriger. Digitalisierung bedeutet die Zusammenarbeit in Netzwerken und die Organisation von Netzwerken. Eine Innovation ist heute das Ergebnis von Kollaboration und Kooperation, abteilungsübergreifend, oft auch unternehmensübergreifend und eben auch unter Einbeziehung der Mitbewerber und Kunden. Innovationen sind nicht das Ergebnis der Synapsenarbeit eines weisen Chefs, der wie ein guter Hirte vorangeht. Auf dessen Gedankenblitze die Mitarbeiter-Herde geduldig wartet und diese dann ehrfürchtig umsetzt.

Führungsaufgabe: Unsicherheiten aushalten

Die neue Führung ist nicht weniger herausfordernd. Einerseits trägt der Chef die Verantwortung, andererseits muss er den Mut haben, Macht und Kontrolle abzugeben. Das ist eine recht große Hürde. Die Chefposition scheint gefährdet, Planbarkeit und Sicherheit stehen auf dem Spiel. Entwicklungen innerhalb eines Unternehmens sind oft sprunghaft, viele Dinge geschehen nicht mehr linear. In multidisziplinären Teams, in iterativen (und damit nicht planbaren) Prozessen sollen Lösungen entwickelt werden. Es wird gefordert, Prototypen zu testen, die nicht ausgereift sind, deren Erfolg nicht absehbar ist. Da häufen sich die Unsicherheiten, die auszuhalten sind. Die digitale Transformation hält ohnehin jede Menge an Überraschungen bereit.

Eine Anwendung, die heute großartig funktioniert, kann morgen veraltet sein. Eine technologische Innovation kann aber auch über Nacht alles in den Schatten stellen. Die Deutsche Telekom hat noch fest an die Zukunft der SMS geglaubt (und viele Hundert Mitarbeiter in diesem Bereich beschäftigt), da hat WhatsApp mit einer vergleichsweise kleinen Truppe von 55 Mitarbeitern einen globalen Nachrichtendienst ins Rennen geschickt, der die Textkommunikation inzwischen komplett umgekrempelt hat.

Braucht es noch einen Chef?

Auf diesem wackligen Boden bewegt sich heute eine Führungskraft. Die Aufgaben werden mehr und vielfältiger. Die Ansprüche an sie wachsen. Und die Frage drängt sich auf: Wie werden überhaupt noch Entscheidungen getroffen? Und wer entscheidet? Wer entscheidet, wenn die Aufgaben groß, unübersichtlich und komplex sind? Wer entscheidet, wenn es nicht die Macht oder die Hierarchie ist, wenn der ganz oben nicht immer recht hat? Braucht es dann überhaupt noch einen Chef, eine Chefin?

Sicher ist: Manager und Chefs wissen nicht mehr alles. Sie müssen nicht mehr alles wissen. Gerade diese omnipotente Funktion kann heute keiner mehr erfüllen. Und muss heute keiner mehr erfüllen. Das ist die gute Nachricht. Allerdings steht eine Führungskraft heute vor anderen, nicht weniger herausfordernden Fragen:

> ➤ Wie stellt man das Team zusammen, wenn es nicht mehr darum geht, dass es einen Besten gibt, sondern darum, das Beste aus allen herauszuholen? Und wie führt man dieses Team?
> ➤ Wie nutzt man wirkungsvoll die Intelligenz, die Kreativität und die Leistungsfähigkeit der vielen?
> ➤ Und wie verlagert man Entscheidungen in flache Hierarchieebenen, wenn viele Mitarbeiter immer noch die Sehnsucht nach dem starken Entscheider an der Spitze umtreibt, wenn viele in ihrem Chef gerne noch den Leitstern sehen?

Das sind die Fragen, die wir in diesem Buch klären. Das ist die Ausgangslage, um Ihnen einen Weg in die Digital Leadership zu zeigen. Denn eines ist trotz aller Veränderungen sicher: Führung im digitalen Zeitalter können Sie lernen.

Wir haben es beide erlebt. Wir haben die Veränderungsprozesse begleitet und auch selbst gesteuert. Wir wissen, wie aus einer Abteilung ein Hub wird und was es bedeutet, nicht mehr in Schubladen und Kategorien, nicht mehr in Hierarchien und »Zuständigkeiten«, sondern in Netzwerken zu denken, ja und auch in Netzwerken zu handeln. Netzwerk schlägt Hierarchie.

Die Angst vor Veränderung mag groß sein, auch die Furcht, das Falsche zu tun. Was auf jeden Fall verkehrt ist: nichts zu tun. Denn ehrlich gesagt: Es ist nicht so schwer, ein guter Digital Leader zu werden. Jedenfalls nicht so schwer, wie Sie vielleicht glauben.

Nicht jeder fährt dieselbe Route – die Interviews

Für *Netzwerk schlägt Hierarchie* ist Christiane Brandes-Visbeck zwar nicht durch ferne Galaxien, aber durch Deutschland gereist und hat Unternehmenslenker aus ganz verschiedenen Branchen interviewt.

Diese jeweiligen Chefs und Chefinnen sind sehr unterschiedlich, haben aber eines gemeinsam: Sie haben sich für die digitale Transformation entschieden und treiben sie in ihren Unternehmen aktiv und mit ganzer Kraft voran. Die Chefs und Chefinnen von Philips Deutschland, Boldly Go Industries, Microsoft Deutschland, der GLS Bank und der Keks-und Waffelfabrik Hans Freitag berichten anschaulich, wie sie sich ihrer digitalen Transformation annähern und welche Strategien sie dabei verfolgen.

Wir dachten uns: Es schadet ja nicht, vor dem eigenen Aufbruch in die unbekannten Weiten der digitalen Revolution ein paar Reiseberichte zu lesen. Und diese Berichte sind sehr aufschlussreich. Sie werden sehen: Nicht jeder fährt dieselbe Route. Nicht jeder startet von derselben Station. Im Gespräch mit Christiane Brandes-Visbeck zeigen diese erfolgreichen Unternehmenslenker, wie sie Führung heute organisieren. In sehr offenen Gesprächen berichten die Chefs und Chefinnen von ihren Führungserfahrungen in der digitalen Welt. Und worauf es ankommt, wenn Mitarbeiter selbstbewusster werden und das Klima vertraulicher ist.

Es kommt nämlich vor allem auf eines an:

Eine Frage der Persönlichkeit

Wir haben viele Veranstaltungen und Leadership-Summits besucht, waren auf Branchentreffs und Transformation Conventions. Wir wollten wissen, was Kollegen aus ihren Unternehmen berichten, welche Erfahrungen sie machen und wie sie digitale Führung definieren. Es gibt viele Modelle und Ansätze, eines ist aber sicher: Es gibt nicht *das* Digital-Leadership-Modell. Nicht dieses eine Modell, das richtiger ist als die anderen, welches es nur überzustülpen gilt.

Das heißt: Digital Leadership ist zunächst keine Frage der Technologie. Digital Leadership ist eine Frage der Persönlichkeit. Die »Modelle« sind dabei so unterschiedlich, wie Menschen unterschiedlich sind. Mit unserem Buch unterstützen wir Sie dabei, Ihre eigene, unverwechselbare Führungspersönlichkeit zu erkennen – und darauf aufbauend Ihr individuelles Digital-Leadership-Modell zu entwickeln.

Entscheidende Hinweise geben dazu unter anderem unsere Interviews. Sie zeigen Führungsmodelle, aber vor allem zeigen sie, dass Führung heute ein »Zeig dich!« oder besser ein »Zeig dich und deine Persönlichkeit!« ist.

Es ist kaum mehr möglich, sich als Chef hinter Zahlen und Hierarchien zu verstecken und Funktion und Persönlichkeit strikt zu trennen. Auch das erfährt man in den aufschlussreichen Gesprächen mit den Führungspersönlichkeiten.

Fünf Führungspersönlichkeiten

Um für Digital Leadership so etwas wie ein Muster herauszudestillieren, haben wir die Interviews sehr genau analysiert und ausgewertet. Wir haben geschaut, was die Interviewpartner antreibt, was sie motiviert.

In einem nächsten Schritt haben wir eine Kategorisierung vorgenommen, haben wesentliche Eigenschaften geclustert und Prototypen entwickelt: fünf Prototypen einer Führung von heute. Ohne den Inhalt der Interviews vorwegzunehmen, empfehlen wir Ihnen: Orientieren Sie sich an diesen fünf Prototypen. Schauen Sie, wer Ihnen am ähnlichsten ist, wessen Weg Sie am meisten inspiriert. Klar ist: Jeder von uns trägt Anteile aller fünf Prototyen in sich. Bei dem einen ist jedoch ein Anteil stärker ausgebildet als beim anderen.

Den fünf Prototypen haben wir konkret folgende Bezeichnungen gegeben.

> The Brain
> The Meaningful
> The Curious
> The Economist
> The Communicator

The Brain – Andreas Jamm von Boldly Go Industries

Andreas Jamm ist Gründer und CEO des 40-köpfigen SAP-Beratungshauses Boldly Go Industries in Frankfurt. Er weiß, dass es für seine Branche entscheidend ist, die Digitalisierung und ihre vielfältigen Auswirkungen auf die Welt zu verstehen und zu nutzen. Als Vielleser und Nachdenker hat er die Schritte für seine digitale Transformation analysiert und seine Firma mit Unterstützung aller Mitarbeiter komplett neu aufgestellt. Kick-off waren der Namenwechsel zu Boldly Go Industries und der Umzug aus Mainz in ein Loft in Frankfurt im New-Work-Style. Nach und nach verändert Andreas Jamm die Unternehmensorganisation von streng hierarchisch zu einer evolutionären Organisation. Damit ändert sich am Ende seine Rolle als Geschäftsführer. Seine Aufgabe im sich selbst organisierenden System wird sein, Raum für die Aktivitäten der Mitarbeiter zu schaffen und aufrechtzuerhalten sowie ein Vorbild im Verhalten zu sein. Er ist das Gesicht des Unternehmens in der Öffentlichkeit, intern aber ein Kollege wie jeder andere, der das tut, was gerade gebraucht wird. Sein Zwischenfazit: »Unsere digitale Transformation kann nur gelingen, wenn Manager von Machtstrukturen loslassen und Mitarbeiter mehr Eigenverantwortung übernehmen. Aktuell spüren wir gemeinsam die Kraft, den nächsten Schritt zu gehen und erste selbststeuernde Mechanismen zuzulassen.« Zur Motivation jüngerer Beratertalente wird Jamm als Nächstes in Boldly Go Industries einen Start-up-Inkubator integrieren. Erste Schritte in Richtung Microenterprises und Hypervernetzung sind hiermit getan.

The Meaningful – Thomas Jorberg von der GLS Bank

Thomas Jorberg, Ziehkind eines Bankengründers, wollte eigentlich nur eine alternative Schule finanzieren. Damit legte der heutige CEO den Grundstein für die größte werteorientierte Bank in Deutschland. Als ihm bewusst wurde, dass die Digitalisierung nicht zu stoppen ist, und disruptive Start-ups anfingen, den Finanzmarkt mit neuen Technologien aufzumischen, fing er an, den digitalen Wandel im Hause anzustoßen. Als Erstes hat er mit dem Managementteam das »Big Picture« für die GLS Bank entwickelt. Ihr Zukunftsbild ist die Vision von einer eng vernetzten Banken-Community, in deren Zentrum die GLS Bank und andere große wie kleine Player stehen, die sinnstiftende und nachhaltige Finanzdienstleistungen anbieten und (sich) untereinander austauschen. Wie diese Vision gelebt werden könnte? Die ersten Innovationsprojekte haben ausgewählte Bankmitarbeiter aus allen Funktionen, Altersgruppen und Hierarchieebenen in einer sogenannten Zukunftswerkstatt entwickelt. Der Spirit, gemeinsam, agil und auf Augenhöhe an sinnstiftenden Innovationen zu arbeiten, steckt die ganze Belegschaft an, heißt es in der Bank. Eine erste Ausgründung aus dem Ideenpool der Zukunftswerkstatt könnte eine Crowdfunding-Plattform für nachhaltige und werteorientierte Projekte sein. Wie sieht Jorberg seine Rolle in diesem Transformationsprozess? »Ich denke gern gemeinsam mit anderen nach über die Frage >Wie wollen wir leben?<. Die Sinnfrage steht bei mir immer ganz oben. Das hat sicherlich Vorbildcharakter für unser Team, aber auch für unsere Mitglieder, Kunden und Netzwerkpartner.«

The Curious – Sabine Bendiek von Microsoft Deutschland

Die jüngst zum Microsoft-CEO berufene Sabine Bendiek interessiert sich für neue Technologien *und* für Menschen. Mit ihrer Neugier und ihrer Gabe, ganz unterschiedliche Menschen auf ihren vielfältigen Reisen ins jeweilige »Neuland« mitzunehmen, hat sie eine beeindruckende Karriere vorzuweisen. Durch berufliche Stationen bei Nixdorf Computer und Dell, eine wissenschaftliche Ausbildung in der Grundlagenforschung am MIT (Massachusetts Institute of Technology) in Boston, Erfahrungen als Beraterin bei McKinsey und im Venture-Capital-Bereich bei Earlybird, nicht zuletzt bei der Cloud-Transformation bei EMC, einem Hersteller von elektronischen Speichermedien, kann Sabine Bendiek den technologischen Wandel aus ganz unterschiedlichen Perspektiven betrachten und fundiert vorantreiben. Microsoft hat sich schon so oft neu erfunden, dass jeder Mitarbeiter weiß, was Change bedeutet, und dass dieser niemals vorbeigehen wird. Mit Sabine Bendiek ist eine Chefin an Bord, die vorlebt, dass der Erfolg im Business von ihrem Umgang mit Menschen abhängt, mit denen sie arbeitet: »Wer seine Belegschaft für etwas begeistern will, dem muss es gelingen, Veränderung als etwas Richtiges, Wichtiges und fundamental Notwendiges und Beständiges zu verankern. Je intensiver Mitarbeiter in Change-Prozesse eingebunden werden, desto leichter geht der Wandel vonstatten. Ich bin überzeugt: >Führungskraft< ist keine Planstelle, sondern eine Position, die man sich verdienen muss. Vor allem bei den Menschen, die wir führen. Ich kann meine Meinung in Gesprächen ändern. Aber: Am Ende bin ich auch bereit, Entscheidungen zu treffen und die Verantwortung dafür zu übernehmen.«

The Economist – Peter Vullinghs von Philips Deutschland

Peter Vullinghs, Vorsitzender der Geschäftsführung der Philips GmbH und Chairman Philips Market Leader DACH, ist ein bekennender Finance-Guy. Er liebt Wachstum und die Freiheit, die der Philips-Mutterkonzern ihm gibt, sich genau dafür einzusetzen. »Wandel ist Wachstum« ist das Mantra, mit dem er bei Philips in Asien und Russland eine steile Karriere gemacht hat. Als Zahlenwizzard und Menschenkenner fordert er viel, ist aber immer ein fairer Chef. Er weiß, dass Veränderungsprozesse nur funktionieren, wenn Menschen sie auch wirklich wollen. Deshalb ist er nah dran an seinen Teams und weiß sie zu motivieren. Für seine Vision, Philips Deutschland zu einem bedeutenden IT-Health-Anbieter aufzubauen, gibt er Vollgas – der deutschen Verbandsklüngelei und föderalistischen Kleinstaaterei zum Trotz. »Strategie funktioniert nur, wenn ich daran glaube. Ich bin ein schlechter Schauspieler, ich mag es ehrlich und authentisch. Jetzt habe ich neun Monate an unserer Strategie gearbeitet; ich glaube an das, was wir entwickelt haben. Wir verändern uns für Wachstum. Wachstum ist mir das Allerwichtigste. Im Wachstum liegen die größten Chancen. Dieses Risiko gehe ich gern ein.«

The Communicator – Anita Freitag-Meyer, Keks- und Waffelfabrik Hans Freitag

Sie wurde nie gefragt, ob sie die väterliche Firma übernehmen wollte. Doch nach einem kleinen Ausflug in den Journalismus war Anita Freitag-Meyer klar, dass sie eines Tages geschäftsführende Gesellschafterin der Verdener Keks- und Waffelfabrik werden würde. Digitales Marketing und Social Selling hat sie über ihr Interesse am Kommunizieren mit Menschen in die Firma gebracht. Nach einem IHK-Vortrag über soziale Medien für Unternehmen hat sie den Referenten als Berater gebucht und gemeinsam mit einer Mitarbeiterin das Keks-Blog aufgesetzt. Sie ist beruflich auf Facebook und Twitter, privat mit 20 000 Followern auch auf Instagram aktiv. Ihre große Offenheit und ihr Engagement in den sozialen Netzwerken haben die Belegschaft anfänglich irritiert. Später haben sie ihr zum Geburtstag »Daumen hoch«-Kekse gebacken, die Idee zu Anita's Own Likies war geboren. »Wir backen mit Herz und Verstand. Direkt nach meiner Ausbildung ernannte mein Vater mich zur Geschäftsführerin und übertrug mir 10 Prozent der Geschäftsanteile. Sukzessive erhöhte sich mein Anteil und seit 2010 bin ich nun mit 70 Prozent Anteilen Hauptgesellschafterin. Meine große Freude wäre es, wenn es auch mir gelänge, unsere Kinder für mein Unternehmen zu begeistern. Eines habe ich mir jedoch fest vorgenommen: Alles kann, nichts muss. Nur aus Freiwilligkeit kann Leidenschaft für die Sache entstehen, denn nur wenn man seine Arbeit liebt, ist es keine Arbeit.«

Fünf Prototypen – fünf Beispiele für Ihre Route

So verschieden die interviewten Entscheider auch sind, so unterschiedlich ihre Digital Readiness auch sein mag, sie alle wissen: Der Schlüssel für eine erfolgreiche digitale Transformation liegt in der angemessenen und authentischen Führungskultur.

Sie wird geleitet durch ihre ganz persönlichen Werte, ihre Weltanschauung und wie sie ihren ganz persönlichen Erfolg definieren. Die Interviews geben Einblicke in moderne Unternehmenskulturen, durch kleine Türöffnungen sehen wir: So geht Führung heute. Es sind Anregungen, Ideen, praktische Erfahrungen. Wir fordern Sie nicht dazu auf, »Ihrem« Prototypen in jedem Punkt nachzueifern. Entscheiden Sie selbst, welcher Leader Ihnen am ähnlichsten ist oder wessen Weg Sie am meisten inspiriert – und wie dem jeweiligen Prototypen der Wandel gelingt. Oft ist es nur jener berühmte Schalter, den man umlegen muss. Und wo sich dieser Schalter befindet, wie viel Energie benötigt wird, um ihn umzulegen, woher diese Energie kommen kann, das zu erforschen – genau das hat uns motiviert, dieses Buch zu schreiben. Wir wollen zeigen, dass es einen Weg gibt, konstruktiv mit der Angst umzugehen – und dass es nicht verkehrt ist, auch etwas davon aufzugeben, was man sich als Mitarbeiter oder als Führungskraft über Jahre an Kompetenz aufgebaut hat. Die digitale Transformation kann einen zu einer besseren Führungskraft machen. Wenn nur der erste Schritt gegangen wird.

Herzlichkeit, Menschlichkeit, Empathie – und was noch?

Angst ist ja nicht nur eine lähmende, sondern auch eine mobilisierende Emotion. In riskanten oder als riskant empfundenen Situationen schütten wir Adrenalin aus. Das Herz schlägt dann schneller und das Blut bindet mehr Sauerstoff. Der Körper ist damit besser in der Lage, sich zu verteidigen oder zu fliehen. Nicht umsonst gibt es das Sprichwort, wonach Angst Flügel verleiht. Ganz so dramatisch ist die Situation nicht.

Angst lässt sich bewältigen, indem man auf das schaut, was man hat – und nicht beklagt, was einem fehlt. Eine Führungskraft muss nicht erschrecken, weil sie Agile Collaboration noch nicht beherrscht, Twittern sie überfordert und sie tief in sich drin nicht weiß, wie sie eine heterogene Belegschaft, eine Mischung aus Generation Y, Babyboomern und Generation X führen soll. Und jetzt kommt auch noch Generation Z ... Lassen Sie uns gemeinsam schauen, ob nicht manches bereits vorhanden und angelegt ist von dem, was wirklich notwendig ist. Denn hinter den vielen digitalen Begriffen mit oft technologisch kühlem Charakter stehen ganz essenzielle Eigenschaften: Haltung und Herzlichkeit, Menschlichkeit und Empathie. Sie bilden aus unserer Sicht ein wichtiges Fundament für die digitale Transformation, allen technologischen Entwicklungen zum Trotz.

Menschen vertrauen

Wer herzlich, menschlich und empathisch agiert, macht vor allem eins: Er vertraut anderen. Er hat gelernt, Menschen so zu behandeln, um das Beste aus ihren herauszuholen – und darauf kommt es an. Wir wissen, wir müssen Menschen vertrauen, damit sie motiviert sind. Wir wissen, was Führung im digitalen Zeitalter, was Digital Leadership ist. Und wir Autorinnen haben uns getroffen, weil wir für das Thema brennen. Wir haben erkannt, wie sehr sich unsere Ansichten gleichen, wie sehr wir in vielen Fragen (und vor allem in den Antworten) zum Thema Führung während der digitalen Transformation übereinstimmen.

Weil wir bei unserer täglichen Arbeit sehen, dass vielen noch der Mut und auch Anregungen fehlen, haben wir beschlossen, unser Wissen in diesem Buch zusammenzutragen. Einerseits ist das die praktische Führungserfahrung von *Ines Gensinger*, Führungskraft in einem Konzern wie Microsoft, der konsequent neue Formen der Arbeit umgesetzt hat. Führung heißt bei ihr Vertrauen, weniger Kontrolle. Sie führt Menschen, die oft nicht anwesend sind. In der Deutschlandzentrale von Microsoft in München gibt es keine festen Arbeitsplätze mehr. Jeder, der morgens ins Büro kommt, entscheidet sich, welches Arbeitsumfeld für die aktuelle Aufgabe am sinnvollsten ist. Es wird nicht erwartet, dass alle Mitarbeiter täglich ins Büro kommen. Jeder weiß, wann und wo er am produktivsten ist. Es gibt keine Pflicht, Zeit im Büro abzusitzen. Wenn aber Arbeit nicht mehr an einen Ort gebunden und somit nicht mehr zeitgebunden ist, stehen Führungskräfte vor neuen Herausforderungen. Führung gelingt dann zum einen mit präzisen Zielvereinbarungen, zum anderen eben mit jener Digital Leadership, die wir in diesem Buch vorstellen wollen.

Wie führe ich, wenn alles digital wird?

Christiane Brandes-Visbeck hat eine ganz konkrete Methode entwickelt, wie Führungskräfte, gerade jene, die sich mutlos fühlen, arbeiten, gestalten wollen, führen wollen, wie diese neue Kraft schöpfen. Sie berät seit Jahren Führungskräfte in digitalen Fragen und weiß, was es heißt: Wie führe ich, wenn alles digital wird?

»Mitte der 1990er-Jahre produzierte ich als junge, relativ unerfahrene Redaktions- und Produktionsleiterin eine TV-Show für junge Leute. Unser Budget war unter Marktniveau. Damit wir schneller und damit kostengünstiger produzieren können, haben wir so ein neumodisches digitales Schnittgerät bekommen, das nur wenige Spezialisten bedienen konnten, aber unsere Rettung war. Denn unsere weltweiten ›Korrespondenten‹ waren junge Leute, oft Studenten, die zumeist mit kleinem Budget und wenig Fachwissen Filme drehen mussten, aber Zugang zu ungewöhnlichen Themen hatten. Diese Korrespondenten habe ich als Chefin per Telefon virtuell geführt, motiviert und gecoacht. Gemeinsam haben wir Lösungen entwickelt, wenn es mal nicht so gut lief.

Manches Filmmaterial, das sie uns aus aller Welt überspielten, wäre bei klassischen Redaktionen ungesendet im Archiv gelandet. Wir aber konnten uns das nicht leisten. Also mussten wir zaubern. Unser Cutter machte aus der Not eine Tugend: Wir erzählten unsere Geschichten mit schnellen Schnitten, ungewöhnlichen Bildübergängen und – OMG! – wir gingen über Schwarz! Damit entwickelten wir eine Bildsprache, an der jeder sofort unser Programm erkennen konnte. Unser Musikredakteur, der als Experte für eine bestimmte Musikrichtung auch für Plattenfirmen jobbte (früher ein No-Go!), interviewte Soulkünstler, Hip-Hopper, Rapper und DJs im Hamburger Hafen, in schrägen Läden und schäbigen Umgebungen. Deren Œuvre haben wir als Musikteppich unter unsere Filme legten. Um unser Programm bekannter zu machen, verschickten wir jede Woche eine Themenübersicht an andere Redaktionen – per Fax! Als der Kulturredakteur eines angesehenen Nachrichtenmagazins in Hamburg bei uns in der Redaktion anrief, als die Themenübersicht einmal ausblieb, spürten wir: Wir haben es geschafft.

Auf einmal wurde mir als Chefin des Ganzen bewusst: Wir haben – zeitgleich mit einigen anderen modernen Shows – den digitalen Wandel in der Fernsehwelt eingeläutet. Dabei ging es um viel mehr als um neue Technologien. Wir veränderten Sehgewohnheiten, definierten Expertise so, dass wir es schwer hatten, mit klassischen Stellenausschreibungen passende Mitarbeiter zu finden. Jeder hatte eine besondere Begabung, für die er Respekt verdiente. Jeder arbeitete effizient, schnell und konzentriert. Als Team agierten wir auf Augenhöhe und vernetzten uns mit Gleichgesinnten über alle branchenüblichen Grenzen hinweg. Wir waren wie beseelt von unserer Aufgabe, beflügelt von unserem Erfolg.«

Der Chef muss coachen wie ein Weltmeister

Sie sehen: Es geht um Technologie. Ja, aber noch wichtiger als die Technologie ist das Team. Das richtige Team. Wie sich das findet, das hat *Ines Gensinger* unlängst bei einer Veranstaltung mit einem weltmeisterlichen Psychologen erfahren:

»Mit Dr. Wolf-Dieter Herrmann habe ich intensiv über das Thema Führung diskutiert. Der Psychologieprofessor an der Hochschule Heidelberg und seit 2006 Mitglied im Betreuungsteam der deutschen Fußballnationalmannschaft hat eine sehr klare Meinung darüber, wie ein Team zu führen ist. Und was er über den Leistungssport sagt, lässt sich auch gut auf die beruflichen Realitäten in Unternehmen übertragen. Eines der wichtigsten Prinzipien in der Nationalmannschaft sei, dass jeder im Team wichtig ist, dass die Arbeit eines jeden wertzuschätzen ist, unabhängig davon, was er tue, sagt Herrmann. Als Beispiel nennt er die Gruppenfotos der Fußballnationalmannschaft nach einem Turnier. Dort werde darauf geachtet, dass alle – von den Ersatzspielern bis zu den Betreuern – auf das Bild kommen. Ein gutes Team entstehe nicht, indem jeder sein Bestes gibt, sondern wenn einer für den anderen einsteht. Erfolgsgrundlage ist für Herrmann, wenn bei Mitarbeitern die Eigenmotivation stimme und dass man auch unbedingt Spaß an dem verspüre, was man tut. Zweitens sollte man sich durchaus ehrgeizige Ziele setzen. Mit solchen Aussagen wie >Hier haben wir noch nie gewonnen< oder >Das wird heute nix< kann sich Herrmann beim besten Willen nicht anfreunden. Und drittens sollte das, was man tut, sinnvoll sein, zumindest sollte man dieses Gefühl haben.

Im Prinzip teile ich die Meinung von Herrmann und kann vor allem noch einen Aspekt ergänzen, was einen guten Teamchef auszeichnet. Als Führungskraft sollte man für ein vertrauensvolles Umfeld sorgen. Fairness, Wertschätzung, aktives Zugehen auf die Mitarbeiter und Handeln im Einklang mit den eigenen Werten tragen dazu ganz wesentlich bei. Führungskräfte müssen ebenso inspiriert wie inspirierend sein, sie müssen ihren Mitarbeitern Freiräume lassen. Oder anders gesagt: Der Chef von heute muss mehr coachen als führen, und er muss jedem im Team das Gefühl geben, dass er wichtig ist und dazugehört.

Als Vertreterin eines weltweit agierenden Hightech-Konzerns ist für mich klar, dass das, was Herrmann sagt, auch in der digitalen Welt seine Gültigkeit besitzt. Richtig ist, dass einer disruptiven Veränderung der Arbeit eine Veränderung in den Köpfen von Entscheidern folgen muss. Alles wird anders – aber ich bleibe gleich? Das wird nicht funktionieren. Das neue Führen, Digital Leadership, bedeutet für mich ganz klar, den eigenen Führungsstil sowie Strukturen, Prozesse und Werte einer Organisation kontinuierlich zu hinterfragen. Ich sehe dabei Transparenz, Flexibilität und Teamorientierung als die Grundprinzipien mit dem übergeordneten Ziel, das Team und auch jeden Einzelnen nach vorn zu bringen. Der Digital Leader muss heute flexibel, agil und durchlässig führen, um so Innovationen zu ermöglichen und Entscheidungen zu beschleunigen.

Genau aus diesem Grund sehen wir bei Microsoft die Wertschätzung als Fundament einer modernen Führungskultur. Weil Wertschätzung bei uns im Unternehmen in erster Linie bedeutet, dass sich Führungskraft und Mitarbeiter vertrauen. Dass ein Chef einem Mitarbeiter vertraut, dass dieser weiß, wie die Arbeit zu gestalten ist und wo und wann er am produktivsten ist. Und Wertschätzung bedeutet für uns eben auch, einen Mitarbeiter nicht im Unklaren zu lassen, was von ihm erwartet wird, sondern für Klarheit und Transparenz zu sorgen.

Die konkreten Zielvereinbarungen in Mitarbeitergesprächen bilden dabei das Fundament des wertschätzenden Führungsstils. Aus meiner Sicht geht das noch weiter: Führen geht über das Führen durch Ziele hinaus, da Führungskräfte durch Vermittlung von Sinn, Inspiration und Wertschätzung eine erhöhte Leistungsbereitschaft bei ihren Mitarbeitern erzeugen. Das ist für mich die Voraussetzung, um ein Team zu bilden. Es braucht Zeit und von allen akzeptierte Regeln, bis das notwendige Vertrauen entsteht – Vertrauen untereinander wie auch in die Leistungsfähigkeit der Gruppe.«

Das heißt also: Führung basiert auf Vertrauen. Nicht auf Druck. Nicht auf Kommentaren wie »Kollegin XY hat dafür nur zwei Stunden benötigt«. Nicht auf Drohungen (»Hinter deinem Stuhl stehen zehn Bewerber!«). Sondern auf Vertrauen von oben nach unten. Vertrauen untereinander. Vertrauen in die Leistungsfähigkeit seiner Mitarbeiter – und: Vertrauen in sich selbst. Dazu gehört Mut. Und eine kluge Strategie.

Fassen wir also zusammen:

Unsere Definition von Digital Leadership

In unsicheren Zeiten, in denen die Veränderungsdynamiken ungewöhnlich hoch sind und Technologiesprünge unser Leben und damit auch unsere unternehmerische Zukunft unberechenbar machen, bedarf es einer mutigen und gut vernetzten Führung. Es ist die Aufgabe einer guten Führungskraft, sich an die neuen Verhältnisse anzupassen, Veränderungen unabhängig von ihrer Hierarchieebene voranzutreiben, Bewährtes mit Neuem zu verbinden und sich im unternehmerischen wie im menschlichen Sinne gewinnbringend einzusetzen, um sich am automatisierten Markt der Zukunft behaupten zu können.

Gekommen, um zu bleiben

Wir werden uns in diesem Buch mit dem Mindset beschäftigen, das nötig ist, um mutig in die Zukunft zu gehen und sein Team zu motivieren, mit von der Partie zu sein. Wir beschäftigen uns mit den Fragen, die erst auf den zweiten Blick sichtbar werden: Kann ich das? Will ich das? Was muss ich tun, um nicht den Mut zu verlieren? Wie führe ich mein Team so, dass meine Mitarbeiter mir die Treue halten und nicht auf halbem Weg aussteigen möchten?

Unsere Erfahrung ist die Basis für dieses Buch. Wir haben, jede auf ihre Weise, große und kleine digitale Transformationen gestaltet und begleitet. Das war und ist nicht einfach. Man muss alles neu denken und ständig Lösungen finden. Vieles wird missverstanden. Manches geht schief. Alles kommt wieder ins Lot. Und wird richtig gut. Also machen wir weiter. Denn: Die digitale Revolution ist gekommen, um zu bleiben. Nutzen wir sie für unseren Erfolg.

Fünf Gründe, warum es sich für Sie als Entscheider lohnt, dieses Buch zu lesen

1. Die digitale Transformation von Unternehmen ist überlebensnotwendig. Transformation bedeutet Veränderung. Seien Sie also nicht der Chef, der sich nicht verändern möchte und aus Prinzip dagegen ist. Stellen Sie sich den neuen Aufgaben. Nutzen Sie die digitale Transformation für Ihren Erfolg.

2. Die digitale Revolution wird vieles auf den Kopf stellen und Sie dazu zwingen, Vertrautes massiv infrage zu stellen. Lernen Sie Denkweisen und Strategien kennen, mit denen Sie Antworten finden auf die drängenden Fragen der Zeit. Befassen Sie sich mit dem Prinzip der Digital Leadership.

3. Finden Sie heraus, wie Sie ein überzeugender Digital Leader werden. Ein Innovationstreiber, der klug, mutig und entschlossen seine Projekte vorantreibt und sich also sozial kompetent erweist, damit Ihnen Ihr Team freiwillig folgt.

4. Lernen Sie mehr über zeitgemäße Kommunikationstechniken und Teamregeln, damit Ihre Mitarbeiter gern mit Ihnen arbeiten und gemeinsam mit Ihnen die Zukunft erobern wollen. Tun Sie das, bevor es andere tun.

5. Seien Sie selbstbewusst. Zeigen Sie, wie Sie Ihren digitalen Wandel gestalten. Sprechen Sie darüber. Auf Social-Media-Netzwerken. Auf Konferenzen. Im Livestream. Senden Sie die guten Nachrichten über Ihren Erfolg als Digital Leader. Und geben Sie niemals auf. Das bringt Ihnen Respekt.

Und noch ein vermeintlich kleiner, aber nicht unwichtiger Grund scheint uns von Bedeutung: Sagen Sie nie wieder »Ja, aber ...« Nie wieder! Damit stehen Sie sich und allen anderen im Weg. Und? Ist es da schon wieder? Denken Sie gerade: Ja, aber ...? Lassen Sie es. Wir zeigen Ihnen, warum Sie es nicht machen sollten.

Führung heute:
Welche Zutaten führen zum Erfolg?

Was kluge Entscheidungen in der Küche mit Digital Leadership zu tun haben – und warum »führen« zunächst einmal »aufgeben« ist.

Kochen kann eine sehr gewissenhafte Tätigkeit sein. Am Anfang steht die Entscheidung, was gekocht werden soll. Dann nimmt der Koch (oder die Köchin) ein Kochbuch und sucht das Rezept aus. Als Nächstes prüft er gewissenhaft, welche Zutaten benötigt werden. Sind diese vorhanden? Für alles, was fehlt, wird ein Einkaufszettel erstellt: Limetten, Mangold, Koriander etc. Im Fachgeschäft, im Supermarkt und auf dem Markt wird ausgesucht. Der Koch kehrt mit den Zutaten zurück, prüft die Mengenangaben und erstellt Schritt für Schritt die Mahlzeit. Die Anleitung liegt stets im Rezeptbuch bereit. Wenn die Zwiebeln hinzugefügt werden sollen, werden die Zwiebeln hinzugefügt, und die Limette wird gepresst, wenn im Buch steht, sie soll gepresst werden. Der Koch hat ein klares Ziel vor Augen.

Dieses »Kochverhalten« entspricht mehr oder weniger den klassischen Managementtheorien. Diese besagen: Klare Ziele sind das Nonplusultra. Nur wer ein klares Ziel vor Augen hat, kann erfolgreich sein. Diesem Gedanken wird alles untergeordnet. Die Führungsebenen richten das Handeln und die Organisation des Unternehmens nach diesem Ziel aus. Es ist eine klare Vorgabe. Wie der Koch nach Rezept seinen Mangold verarbeitet, so geht es im Unternehmen darum, den »Teller« wie geplant zu füllen.

Eine komplett andere Haltung

Erfahrene Unternehmer gehen anders vor. Sie kochen nicht nach Plan. Oder, um es etwas plakativer auszudrücken: Sie schauen, was geht. Das hat die Entrepreneurship-Expertin Professor Saras D. Sarasvathy von der University of Virginia über die Jahre hinweg beobachtet. Sarasvathy erforscht seit den frühen 1990er-Jahren das Thema »unternehmerische Expertise«, hat seitdem zahlreiche Unternehmerinnen und Unternehmer begleitet und befragt. Sie kommt zu dem Schluss: Routinierte und erfolgreiche Unternehmen »kochen« anders. Und sie handeln anders. Ihre Haltung ist eine komplett andere.

Erfahrene Unternehmer prüfen nicht, was fehlt. Sie schauen, was sie haben.

Sie kommen »erkundend ins Handeln«, wie es Sarasvathy formuliert. Sie lassen das Kochbuch Kochbuch sein, öffnen Kühlschrank und Vorratsschränke und kochen mit dem, was sie dort vorfinden. Übertragen auf ihre unternehmerische Tätigkeit heißt das: Sie nutzen die Ressourcen, Kompetenzen, Fähigkeiten und Fertigkeiten, die ihnen zur Verfügung stehen. Oder anders gesagt: Sie machen das, was sie gut können – und wählen einen ressourcenorientierten Ansatz für Entscheidungsprozesse.

Sie halten sich nicht mit den Mängeln auf, versuchen gar nicht erst, diese zu kompensieren. Sarasvathy nennt diesen Ansatz »Effectuation«. Das ist ein Kunstwort. Im weitesten Sinn bedeutet es, zu zeigen, wie erfahrene und erfolgreiche Unternehmer aus dem Effekt handeln und Entscheidungen in Ungewissheit treffen.

Wir gehen später noch darauf ein. Bei der Entscheidungslogik Effectuation geht es nicht darum, einen aufwendigen Plan zu entwickeln und alles bis ans Ende durchzudenken, sondern kleine Schritte zu gehen, zu nutzen, was unmittelbar zur Verfügung steht, denjenigen mitzunehmen, der mitmachen will.

Im Grunde heißt es: Offen sein, beweglich bleiben. Wer entdeckend »kocht« und handelt, merkt schnell: Es wird mehr Energie freigesetzt. Es offenbart sich ein großer Erfindungsreichtum. Mit teuren Zutaten kochen kann jeder. Freestyle ist die Kunst der Stunde.

Wir beiden sehen uns als Köchinnen, die, um ans Ziel zu kommen, lieber entdecken und den Moment nutzen, als vorgegebene Pläne abzuarbeiten. Uns ist klar: Da braucht es eine gewisse Stärke, eine Haltung. Zumal immer auch das Risiko besteht, dass etwas fehlt. Und dass diese Unschärfe Mitarbeiter verunsichern kann. Dass es schwer ist, Menschen zum Mitgehen zu bewegen, wenn nach dem ersten Schritt der nächste und übernächste noch nicht feststehen. Das verunsichert nicht nur Mitarbeiter. Denn die Frage ist: Wer trägt die Verantwortung, wenn das Essen nicht schmeckt oder wir uns auf dem Weg zu unserem Ziel verlaufen? Früher war es meist der Mitarbeiter, der die Suppe auslöffeln musste ...

Und heute? Die Angst vor falschen Entscheidungen – das haben wir gesehen – ist weitverbreitet, gerade im Hinblick auf die digitale Transformation. Die wenigsten machen da den Eindruck, als würden sie sorglos in die Küche schlendern wollen und mal schauen, was so da ist, und danach ihr Handeln ausrichten. Sie verlangen konkrete Handlungsoptionen, Anleitungen. Sie wollen diesen digitalen Wandel möglichst Punkt für Punkt abarbeiten.

Die digitale Angst

Lassen Sie uns das Thema Angst präzisieren: Warum tun sich Entscheider in Deutschland immer noch schwer, die unausweichliche digitale Transformation in ihren Unternehmen voranzutreiben?

Eine Antwort liegt im Begriff »digitale Angst«. Für uns ist das ein zentraler Begriff. Ist man in der Lage, sich selbst, seine Mitarbeiter und die aktuelle Unternehmenskultur so zu verändern, dass eine digitale Transformation im Betrieb möglich erscheint? Oder ist man vor Angst gelähmt?

Bei der digitalen Angst geht es um die Risiken und Nebenwirkungen von radikalem Handeln, die die digitale Revolution mit sich bringt. Sie erklärt, warum Chefs in einer sich dramatisch verändernden Welt an verkrusteten Hierarchien, festgefahrenen Prozessen und traditionellen Verhaltensmustern festhalten, die wie ein Stützkorsett für diejenigen sind, die ihren inneren Kompass und damit die Orientierung verloren haben.

Jan Krims von dem Beratungsunternehmen Deloitte Österreich beschreibt die Ursache so: »So sind für den Erfolg von Führungskräften in Zeiten der digitalen Transformation in erster Linie ihre grundsätzlichen Denk- und Handlungsmuster in unbekannten Umgebungen und bei neuartigen Herausforderungen entscheidend. Die heutige Führungskräfteentwicklung berücksichtigt das zu wenig und orientiert sich zu oft ausschließlich an sehr spezifischen, kontextabhängigen Aufgabenstellungen.« Heute wird nicht vor einer Einstellung oder einer Beförderung getestet, wie sich eine Führungskraft in unsicheren Situationen verhalten wird. Werte wie Mut, Entscheidungsfreude oder visionäres Handeln gehören in keine klassische Stellenbeschreibung. Im Gegenteil. Wir kennen eher dieses Phänomen: Weil mittelmäßige Chefs maximal mittelmäßige Mitarbeiter befördern, fehlt es vielerorts an mutigem, intelligentem und visionärem Führungspersonal. Es fehlt an Entdeckern und Ausprobierern in der Küche. Unternehmen vertrauen auf Vorgesetzte und Mitarbeiter, die nur ins Kochbuch blicken wollen. Und die glauben, dass darin steht, welche Dosis Software es braucht, um digital zu werden.

Was bringt die Valley-Reise wirklich?

Was wir derzeit beobachten: Je größer die Angst, desto hektischer wird nach Lösungen per Rezept gesucht. Wenn Unsicherheit droht und Gefahr im Verzug ist, verfallen die einen in Angststarre und die anderen in einen Hyperaktivitätsmodus. Übermotivierte CEOs motten ihre Krawatten ein, öffnen den obersten Hemdknopf oder tragen ein blaues T-Shirt im Boardroom – weil es alle so machen. Sie lassen sich von ihren Mitarbeitern duzen, jetten ins »Valley« oder nach Berlin, um die berühmte Start-up-Kultur kennenzulernen. Sie geben sich betont locker. Laden sich auf eine der fast wöchentlich stattfindenden Tech-Konferenzen ein oder richten sogar einen dieser Digital-Hubs ein, in denen sie mit Design-Thinkern diskutieren, Lego-Modelle bauen und im Hinterhof Schlagzeug spielen.

Firmeninhaber, geschäftsführende Gesellschafter und Chief Executive Officer beauftragen ihre Strategieabteilungen, IT-Verantwortlichen, Architekten und Personalentwickler, irgendetwas Sichtbares für den digitalen Wandel im eigenen Hause zu tun. Macher-Bosse lassen kurzerhand luftige Großraumbüros entwerfen und vergessen dabei schallisolierte Kommunikationsräume.

Gönnerhafte Vorgesetzte richten großzügig eine Lounge neben der Chefetage ein, wo sich kein Mitarbeiter beim Entspannen vom virtuellen Multitasking vom Boss »erwischen« lassen will. Kreative Chefs verordnen dem Führungspersonal jede Menge Innovationsworkshops mit innovativ klingenden Namen, die in wenigen Stunden vermitteln sollen, wie man mehr »Start-up-Speed« auf die Uhr bringt. Oft erzielen solche wenig durchdachten Ad-hoc-Maßnahmen keine nachhaltige Wirkung. Sie treiben den digitalen Wandel nicht spürbar voran. Sie verändern – nichts.

Die persönliche Strategie

Wir haben gesehen: Bei der digitalen Transformation in Unternehmen geht es nicht nur um innovative Produkte, agile Produktionsprozesse und kundenorientierte Dienstleistungen. Es reicht längst nicht mehr aus, sich mit dem Konzept des Internets der Dinge, mit Robotern als Arbeitskräfte oder Augmented Reality auseinanderzusetzen. In unsicheren Zeiten, in denen die Veränderungsdynamiken ungewöhnlich hoch sind und die Zukunft unberechenbar geworden ist, geht es vor allem darum, wie Entscheider und Führungskräfte denken und handeln.

Sicher ist: Niemand muss seine Chefposition verlassen, bloß weil ein blasser Nerd besser twittert als der Chef. Keine Führungskraft ist aus der Zeit gefallen, bloß weil sie Bücher lieber auf Papier liest. Uns geht es darum zu zeigen, dass der digitale Wandel unumgänglich ist. Und dass erfolgreiche Unternehmenslenker die Chance haben, mit ihrem Einfluss, ihren Kontakten und ihrer Erfahrung auch im digitalen Zeitalter etwas Großes zu schaffen. Wenn sie es wollen.

Es gibt nicht den großen, allgemeingültigen Plan, der für jede Führungskraft gilt, nicht das eine Leadership-Modell. Jeder Mensch muss eine persönliche Strategie entwerfen, die zu ihm, zum Unternehmen passt, um den Einsatz von neuen Technologien dort zu forcieren, wo dies sinnvoll und zielführend ist. Dieser Turnaround wird jedoch nur da gelingen, wo die Mitarbeiter von den notwendigen Veränderungen überzeugt werden und bereit sind, mit ihren Chefs die Mission Zukunft anzugehen.

»Strategie ist eine Ökonomie der Kräfte«

Wir werden Ihnen zeigen, wie Sie Ihre eigene Strategie entwickeln können, um Ihre individuelle Digital Leadership Excellence zu entfalten. Oder ihr auf jeden Fall möglichst nah zu kommen.

Denn Ihre Leadership-Qualität ist die wichtigste Voraussetzung dafür, die digitale Transformation im Unternehmen motiviert und nachhaltig anzugehen und erfolgreich zu gestalten. Nur ein Digital Leader verfügt über Kenntnisse, Haltung und Fähigkeiten, die notwendig sind, um das veraltete Geschäftsmodell und starre Produktionsprozesse komplett umzustellen und eine neue Unternehmenskultur vorzuleben.

Carl von Clausewitz, preußischer Generalmajor und Pate der modernen Unternehmensstrategie, sagte nicht ohne Grund: »Strategie ist eine Ökonomie der Kräfte.« Warum also lassen wir unsere digitale Transformation nicht erst einmal im Kleinen stattfinden und transformieren uns selbst? Sozusagen als Pilotprojekt oder Prototyp? Nach dem Motto: »Think big. Act small. Start now.«

Beginnen wir mit der Selbstoptimierung. Damit können Sie den notwendigen Wandel im Unternehmen aktiv steuern und die Spielregeln selbst bestimmen.

Digital Leadership Canvas: Ihre Landkarte für Leadership Excellence

Wie die »Welt von morgen« aussieht, was genau Digital Leadership eigentlich ist und warum wir dafür unseren persönlichen Routenplaner benötigen.

Sie brauchen kein Kochbuch. Das Rezept für Ihren digitalen Führungsstil ist noch nicht geschrieben. Das schreiben Sie selbst. Und während Sie sich mit den Zutaten beschäftigen, die Sie in Ihrem Vorrat finden, stehen wir neben Ihnen und stellen ein paar Fragen. Das mag vielleicht nerven – aber bitte, Sie wollen doch weiterkommen, oder?

Also: Wir fragen Sie nicht nach Ihrem Rezept, sondern nach Ihren Zutaten. Es sind Fragen zu Ihren Managementfähigkeiten, zu Ihrem Leadership-Stil. Fragen zu Ihrem Netzwerk. Fragen zu Ihrer Wirkung bei anderen, zu Ihren Herausforderungen und zu Ihrer Entwicklung als Digital Leader. Vielleicht sind es Fragen, die Sie sich noch nicht gestellt haben. Beantworten Sie sie ehrlich und nach bestem Wissen und Gewissen. Denn eines ist klar: Die Antwort kann morgen eine andere sein.

Auf unsere Fragen gibt es keine allgemeingültigen Antworten, nur eine aktuell passende. Denn Digital Leadership ist etwas Individuelles. Wenn Sie sich diesen Fragen stellen, sind Sie auf einem guten Weg zum Digital Leader. Wenn Sie als zukünftiger Digital Leader davon ausgehen, dass alles, was man steuernd beeinflussen kann, nicht vorhergesagt werden muss, brauchen Sie eine Vision oder sagen wir: ein Zielbild. Ein Zielbild, das Sie selbst gestalten können und das nicht von Daten getrieben wird. Es muss etwas sein, was sich in Ihrem Kopf verfestigt. Im besten Fall zeigt Ihr Zielbild, wie »die Welt von morgen«, wie Ihr Unternehmen – wie Ihre Führungspersönlichkeit aussieht. Der positive Nebeneffekt: Sie müssen Dinge weglassen, es wird nicht alles in Ihr Zielbild passen, Sie müssen reduzieren. Das heißt: Sie sind gezwungen zur Konzentration auf wirklich Wichtiges.

Umwege erhöhen die Ortskenntnis

Wenn Sie Ihr Zielbild entwickelt haben, das Ihre Vision konkretisiert und Ihnen wie der Morgenstern die Richtung vorgibt, dann können Sie wie ein König aus dem Morgenland Ihrem Stern folgen und sich etappenweise Ihrem Ziel nähern.

Sie brauchen Mut, weil Sie entlang der eigenen Möglichkeiten und Ressourcen navigieren werden, anstatt sich am Wettbewerb zu orientieren. Sie werden mit den Experten in Ihrem Team Entscheidungen treffen, die sich vielleicht rückblickend als Fehler herausstellen werden. Dann ist es Ihre Aufgabe, diese zu entdecken und schnell zu korrigieren. Damit Sie trotz aller anfallenden Entscheidungen Ihr Ziel nicht aus den Augen verlieren, benötigen Sie eine Roadmap, auf der Sie Ihre Route skizzieren. Diese werden Sie gemäß Ihren neuen Erkenntnissen ständig anpassen müssen.

Wahrscheinlich werden Sie auch Umwege gehen müssen oder das Ziel zwischenzeitlich aus den Augen verlieren. Hierfür benötigen Sie Ausdauer und Mut. Denn die Route lässt sich grob planen. Nicht umsonst heißt es so schön: Umwege erhöhen die Ortskenntnis.

Die Roadmap – eine Skizze mit den Wegen zum Ziel

Was brauchen wir also? Genau: einen Weg zu Ihrem Zielbild. Wer ein Digital Leader werden will, muss sich überlegen, wie er sich verändern möchte. Welche Eigenschaften, Kompetenzen und Unterstützer er dazu benötigt, welche Herausforderungen für ihn und sein Team bestehen und wie er ihnen begegnen wird. Es geht schließlich darum, mithilfe eines durchdachten Plans das eigene Team zum Erfolg zu führen. Um einen solchen Plan entwickeln zu können, hat Christiane Brandes-Visbeck im Jahr 2015 die erste Version einer Digital Leadership Canvas entwickelt.

Die erste Digital Leadership Canvas

Die Digital Leadership Canvas dient als Roadmap – oder Blaupause –, mit der Sie Ihre Digital-Leadership-Kompetenz entwickeln können. Canvases (dt. Leinwand oder Poster) gelten heute als innovative Tools, die Innovationsberater, Start-up-Gründer und junge Führungskräfte zur Orientierung und als Gradmesser für ihren Erfolg im Zeitalter der digitalen Transformation verwenden. Die Idee, für die Entwicklung von Innovationen eine Canvas zu nutzen, wird dem Schweizer Businessstrategen und Autor Alexander Osterwalder zugeschrieben. Sein Bestseller *Business Model Generation* gilt als Handbuch für Visionäre und ist Impulsgeber für alle, die veraltete Geschäftsmodelle auf den Kopf stellen und Innovationen vorantreiben wollen.

Wer mit einer Canvas arbeitet, notiert seine Gedanken und Ideen in kurzer, prägnanter Form auf Post-its und heftet diese in eines der strategisch relevanten Felder auf der Canvas. So entsteht ein großformatiges Gesamtbild, in dem logische Abhängigkeiten und systemische Auswirkungen einzelner Aktivitäten auf das große Ganze auf einen Blick zu erfassen sind. Sollte sich herausstellen, dass eine Idee oder Maßnahme nicht funktioniert oder Nebenwirkungen verursacht, die nicht zielführend sind, kann der entsprechende Klebezettel sofort von der Canvas entfernt und durch eine neue bzw. modifizierte Annahme ersetzt werden. Damit ist die Arbeitsweise mit einer Canvas nichts als gelebte Effectuation. Sie wird dem Gedanken gerecht, dass vernetztes Denken und situativ bedingtes Han-

Führung im digitalen Zeitalter mit der Digital Leadership Canvas

Unternehmen, Organisation, Projekt   Name, Datum

Meine Management- und Leadership Qualitäten

TREIBER:
Welche Vorstellungen, Werte, Fähigkeiten und Kenntnisse zeichnen meine Führungsqualitäten aus? Was treibt mich an? Was macht mich zum Vorbild?

2

Mein Digital Leadership Style

SUPERKRÄFTE:
Welche Aspekte von Digital Leadership lebe ich bereits? Welche meiner Vorstellungen, Werte, Kenntnisse und Fähigkeiten sind meine Superkräfte, mit denen ich als Digital Leader mein Team zum Erfolg führen kann?

3

Mein Leadership Netzwerk

RESSOURCEN:
Wer sind meine Wegbegleiter, Förderer, Fans und Supporter?

4

Wie erleben andere meinen Leadership Style?

PERSPEKTIVWECHSEL:
Womit motiviere ich sie? Warum unterstützen sie mich? Welche meiner Vorstellungen, Werte, Kenntnisse und Fähigkeiten zeichnen mich aus Ihrer Sicht als Digital Leader aus?

5

Unsere Vision von Digital Leadership

LEITBILD:
Digital Leader sind disruptiv, innovativ, mutig in der Führung, sozial hoch kompetent und entschlossen. Sie entwickeln und teilen ihre Vision mit dem Team und befähigen andere. Sie geben Kontrolle auf und orchestrieren Möglichkeiten. Sie arbeiten mit Daten und ihrer Intuition. Sie sind skeptisch in der Sache und offen Menschen und neuen Ideen gegenüber.
(Hier können Sie weitere Punkte ergänzen oder genannte Punkte streichen)

1

Meine / unsere Herausforderungen

ANALYSE:
Wie werden wir als Digital Leader zur Brücke von der klassischen in die digitale Welt? Wo liegen meine/unsere Schwierigkeiten, unsere Vision zu leben und unsere Ziele (Feld 1) zu erreichen?

6

Mein / unser Entwicklungsbarometer

MONITORING:
Wie lassen sich unsere Fortschritte zur Digital Leadership messen? Wie definieren wir unsere Fortschritte? Wie belohnen wir uns?

8

Meine / unsere Lösungen

MASSNAHMEN:
Welchen Entwicklungsbedarf habe ich/haben wir? Über welche Ressourcen verfüge ich/verfügen wir, um meinen/unseren Herausforderungen (Feld 6) zu begegnen? Welche Maßnahmen muss ich/müssen wir ergreifen, um unsere Ziele (Feld 1) zu erreichen?

7

REDLINE VERLAG

deln die Basis allen wirtschaftlich erfolgreichen und menschlich akzeptablen Handelns sind.

Mit der Canvas veraltete Geschäftsmodelle auf den Kopf stellen

Dass die Entscheidungslogik Effectuation, auf die später noch intensiv eingegangen wird, und die systemische Vernetzung von Hubs zwei wichtige Grundbedingungen für Digital Leadership Excellence sind, lässt sich mit einer Canvas bestens visualisieren. Die Idee zu einer Digital Leadership Canvas habe Christiane Brandes-Visbeck in ihrer Vorlesung *Soft Skills and Leadership Qualities* getestet, die sie für MBA-Studierende an der Hochschule für Oekonomie & Management in Hamburg gibt. Zu Beginn eines jeden Semesters stellt sich heraus, dass viele der berufsbegleitend Studierenden, die oftmals selbst als junge Führungskräfte oder Projektleiter agieren, keine klare Vorstellung von Führung haben und der digitale Wandel in ihrem bisherigen Berufsalltag zumeist nur eine untergeordnete Rolle spielt. Digitale Transformation, Innovation und Disruption kennen viele nur vom Hörensagen. Doch sie wissen, dass das Thema auf sie zukommt, und sie wollen vorbereitet sein.

Doch wer oder was bietet Orientierung? Noch immer fehlen überzeugende Vorbilder und Erfolg versprechende Vorgehensweisen für die digitale Transformation, die die Studierenden als zukünftige Entscheider früher oder später gestalten müssen.

So funktioniert die Arbeit mit der Digital Leadership Canvas

Die Digital Leadership Canvas ist ein vielseitig einsetzbares Werkzeug, das Vorgesetzten hilft, sich aktuell als Führungskraft zu verorten und sich vom Status quo aus zu einem Digital Leader zu entwickeln. Da die Canvas als Roadmap oder Fahrplan konzipiert ist, kann sie auch als ganz simple To-do-Liste mit Querverweisen eingesetzt werden.

Wer mit der Digital Leadership Canvas arbeitet, erkennt, welche Fähigkeiten und Talente er für seine persönliche Digital Leadership Excellence mitbringt und wer oder was ihn bei der Weiterentwicklung zum Digital Leader unterstützen kann. Auf der Canvas kann jeder Anwender seine Herausforderungen benennen und erste Lösungsansätze entwickeln. Wenn jemand über einen längeren Zeitraum mit der Canvas arbeitet und sie als Roadmap für seinen persönlichen Veränderungsprozess einsetzt, lassen sich anhand des individuell zu konfigurierenden Erfolgsbarometers persönliche Fortschritte messen.

Was benötigen Sie für die Arbeit mit der Canvas?

Vor allem Platz für das Ausfüllen der Digital Leadership Canvas. Wenn Ihnen keine ausreichend große Arbeitsfläche zur Verfügung steht, können Sie das Poster auch mit Kreppband an einer Wand befestigen oder auf den Boden legen. Für das Ausfüllen benötigen Sie einen dünnen Filzstift, schmale Post-it-Streifen und bunte Post-it-Figuren wie ein Telefon, ein Herz, eine Gedankenwolke oder eine Sprechblase für Notizen, die Ihnen besonders wichtig sind. Und ein Smartphone oder eine Kamera, um die verschiedenen Versionen Ihrer ausgefüllten Digital Leadership Canvas zu dokumentieren.

Wie fülle ich die Canvas am besten aus?

Die Digital Leadership Canvas besteht aus acht Feldern, die unten rechts mit kleinen Nummern versehen sind. Die Anordnung der Felder habe ich so arrangiert, dass man sich in der oberen Reihe gedanklich von sich selbst als Person im Feld ganz links bis ganz nach rechts zu der Rolle, die man als Digital Leader einnehmen möchte, bewegt. In der Mitte befinden sich Felder, die Ihre Qualitäten mit anderen Menschen in Bezug setzen. Menschen, die in Ihr Netzwerk gehören, sozusagen Ihre Unterstützer, Helfer oder Follower, eben die Leute, die Sie auf Ihrem Weg zur Digital Leadership Excellence begleiten. In der unteren Reihe können Sie ganz links Ihre Hausforderungen auf dem Weg zur Digital Leadership Excellence notieren, ganz rechts Ihre Lösungen eintragen und in der Mitte für das Feld Entwicklungsbarometer Ihre ganz persönlichen KPIs (Key Performance Indikatoren) entwickeln.

Finden Sie Ihre eigene Route!

Im Folgenden werden wir gemeinsam mit Ihnen jedes einzelne Feld durchgehen. Die Canvas bietet die Grundlage für eine Mechanik, mit der Sie für sich selbst einen Zugang zu Ihrer persönlichen Digital Leadership finden können – ohne Anspruch auf Allgemeingültigkeit. Das hier ist kein Lehrbuch. Wir teilen unsere Erfahrungen mit Ihnen und zeigen mögliche Wege auf.

Es beginnt mit dem bereits erwähnten Zielbild von Ihrer Digital Leadership Excellence. Die Frage nach dem Zielbild befindet sich auf Feld 1. Es ist Ausgangspunkt der Canvas – und erfahrungsgemäß ist Feld 1 das Feld auf der Canvas, welches die Anwender in der Regel am meisten herausfordert. Nicht weil sie keine Vorstellungen von ihrem Zielbild haben. Oder weil sie die Vision des Unternehmens nicht kennen, in dem sie tätig sind. Nein, es liegt daran, dass der Begriff »Zielbild« hier nur die Vorstellung umschreibt, wie Sie als Digital Leader agieren wollen. Und das fordert mitunter die Fantasie.

Zu Ihrer Beruhigung: Auch ein Digital Leader greift auf Eigenschaften und Methoden zurück, die in die klassische Toolbox einer Führungskraft passen. Wir erfinden das Rad nicht neu.

Wir haben fünf Persönlichkeitsmerkmale von Digital Leadern, die in einer Studie von Russell Reynolds ermittelt wurden, zusammengetragen. Es sind Merkmale, die von Führungskräften auf die Frage genannt wurden, was einen Leader in der Digital Transformation auszeichnet. Diese können Ihnen zur Orientierung bei der Bearbeitung von Feld 1 dienen:

1. Innovativ sein

»Thinking outside the box« ist ja fast schon zu einem Mantra der Businesswelt geworden. Kurse in Design-Thinking sind en vogue, Barcamps, sogenannte Unkonferenzen, inspirieren zum innovativen Gedanken- und Erfahrungsaustausch. Denn Innovation bedeutet nicht zwingend, etwas komplett Neues zu erfinden. Die meisten Start-up-Gründer und IT-Spezialisten im Valley haben sich in Nischen gewagt, quergedacht und dadurch vorhandenes Wissen neu kombiniert. »Menschen erfinden nichts im Internet. Sie erweitern lediglich eine Idee, die schon existiert«, sagte einst Evan Williams, der Twitter mitbegründet hat und heute CEO der Publisher-Plattform Medium ist.

Um innovativ zu sein, sollten Führungskräfte in die digitale Zukunft schauen und die richtigen Fragen zulassen. Dieses Vorgehen ist ein Element von Effectuation: zu handeln, ohne zu wissen, ob das Neue funktioniert, in der Gewissheit, dass die Ressourcen vorhanden und mögliche Abschreibungen verschmerzbar sind. Innovation fängt damit an, dass man im Team ungewöhnliche Gedanken zulässt und nicht sofort als Unsinn abwertet. Ich bin fest davon überzeugt, dass jeder Mensch zu innovativem Denken fähig ist. Erfolgreiche Unternehmer, die sich immer wieder neu erfinden, erzählen gern, dass sie schon als Kind »disruptiv« waren. Wer anders denkt, ist innovativ, damit aber auch störend. Bevor Sie jetzt an ein Wunderkind denken, stellen Sie sich ein Kind vor, das einen Baum hochklettert. Es fängt einfach an. Probiert, ob ein Ast hält oder nicht. Es ist ein Testen und Ausprobieren – ohne Plan.

Fantasie zu haben, querzudenken und ungewöhnliche Fragen zu stellen ist für Mitarbeiter in streng durchstrukturierten Unternehmen häufig tabu. Im Zeitalter der digitalen Transformation zeigt sich immer deutlicher, dass unternehmerische Innovation erst da möglich ist, wo Menschen die bisherigen Normen von Gesellschaft, Familie oder Firmenkultur infrage stellen dürfen.

Für innovatives Denken braucht man Ressourcen, also Raum, Zeit und Geld, um sich inspirieren zu lassen und von den Besten zu lernen. Bei Reisen ins Valley, bei Besuchen von Start-ups in Berlin oder einer Hospitanz in Unternehmen, die mit ihrer digitalen Transformation schon weiter sind, lernen Digital Leader, wie man Innovationen erkennt, mit klarem betriebswirtschaftlichen Kalkül durchrechnet und als Prototyp testet. Denn am Ende des Tages geht es immer darum, mit Innovationen ein positives Ergebnis zu erwirtschaften.

Doch nur weil man sieht, wie andere transformieren, heißt das noch lange nicht, dass die Innovationsfähigkeit überschwappt. »Cargo Cult« nennt Ex-IBM-Manager, Autor und Gesellschaftskritiker Gunter Dueck den oft irrigen Glauben, »dass man das Besondere schon erzielen kann, wenn man nur Rahmenbedingungen schafft, die keine besonderen Anstrengungen verlangen. Geld, Appelle, Idealismus sind keine Komplettlösungen«. Auf der Internetkonferenz re:publica hielt Dueck einen vielbeachteten Vortrag über das Phänomen, dass Menschen glauben, man müsse nur »Kopien vom Silicon Valley [bauen], und – schwups! kommen Milliarden«.

2. Disruptiv sein

In der Technologie steht der Begriff »Disruption« für neue Entwicklungen oder Produkte, die unerwartet auf den Markt gebracht werden, auch wenn sie noch nicht ausgereift sind. Wenn sie mit frischem Geld und dem Wissen der Kunden kontinuierlich weiterentwickelt werden und sie erkennbare Vorteile gegenüber bekannten, aber veralteten Produkten aufweisen, dann haben sie das Potenzial, die Marktführerschaft zu erlangen. Disruptiv waren Autos (vs. Pferdewagen), Personal Computer (versus Schreibmaschine) oder aktuell Streaming-Dienste (versus CD, Video oder VHS).

Unter Disruption verstehen wir, Bewährtes auf den Prüfstand zu stellen, und wenn es zu nichts mehr taugt, durch Neues zu ersetzen. Jeder Produktionsprozess, jede Stellenbeschreibung und jede Form der Zusammenarbeit sollte neu gedacht werden. Die disruptive Leitfrage lautet: Ist das wichtig, oder kann das weg?

Vereinfachung, Reduktion, Kaizen, aber auch Werteorientierung und Nachhaltigkeit sind Stichworte für disruptives Denken. Was alle großen Köpfe eint, ist: Sie haben eine Art Disposition für innovative Veränderungen. Und sehen schon die Veränderung hinter der technischen Disruption. Und so verrückt ihre Ziele anfänglich scheinen, so klar sind ihre Entscheidungen, sie zu verfolgen.

In Konzernen und von QM-Prozessen getriebenen, schwerfällig agierenden Unternehmen bedeutet Disruption auch, dass man wieder anfängt, unternehmerisch zu denken. Also nicht mehr jede kleine Entscheidung bis in die oberste Führungsebene absegnen zu lassen, sondern selbst Verantwortung zu übernehmen. Oder ohne übertriebene Rücksicht auf Befindlichkeiten im Hause innovative Ideen im eigenen Team zu prüfen und schnell umzusetzen. Oder einfach mal zu machen und dabei Fehler in Kauf zu nehmen. »Fail early and often and recover fast« lautet das Motto in der Start-up-Szene, das auch für Digital Leader gilt. Denn wer Fehler in einem frühen Stadium zulässt, verursacht weniger Kosten, weil er sie schnell korrigieren kann. Der Begriff »rapid recovery«, also schnelle Genesung, kommt eigentlich aus der Medizin und motiviert Menschen dazu, ihre Fehler schnell hinter sich zu lassen und keine Zeit mit Hadern, Vorwürfen oder Schuldzuweisungen zu verschwenden, sondern einfach weiterzumachen.

Man probiert etwas aus, testet es, korrigiert die Fehler und testet es erneut. Je schneller man sich von seinen Fehlern erholt, desto größer ist die Chance, schnell ein funktionierendes Ergebnis zu erzielen. Bezogen auf Führung bedeutet es, dass Sie Ihre Mitarbeiter bewusst dazu anhalten, Neues auszuprobieren und aus Fehlern zu lernen. Bei den weltweit stattfindenden Fuckup Nights erzählen beispielsweise serielle Gründer und ehemalige Entrepreneure vor Publikum, woran sie bei einer Unternehmung gescheitert sind und was sie daraus gelernt haben. Die Idee hinter den überaus beliebten Veranstaltungen ist, die eigene Angst vor dem Scheitern abzubauen, zu verstehen, dass niemand perfekt ist, voneinander zu lernen und durch Vernetzung besser zu werden.

Disruption in der Führung zu leben heißt nicht zwingend, das bestehende Management auszutauschen, solange die Führungskräfte bereit sind, Bestehendes zu hinterfragen, in neuen Kategorien zu denken, echte Veränderungen herbeizuführen und durchzuhalten. Durch das Merkmal der Disruption ist Change zu einer wichtigen Aufgabe moderner Führung geworden. Denn Zeit ist Geld. Jede Branche muss fürchten, von einem neuen digitalen Player in die Enge getrieben zu werden. Früher wurde in der Industrie eine Produktneuheit fünf Jahre geplant, fünf Jahre entwickelt und 50 Jahre betrieben. Erfolgreiche Firmen wachsen heute innerhalb weniger Monate von fünf Mitarbeitern auf 50. Ob es Google ist, das mehrere Branchen durcheinanderwirbelt, oder Apple, das mit iTunes die Musikindustrie aufgemischt hat – im Moment ist derjenige erfolgreich, der ein Kundenerlebnis bietet, also Kundenwünsche am besten versteht und diese möglichst schnell, individuell und effektiv erfüllen kann. Wenn Sie disruptiv agieren, haben Sie einen guten Rahmen für Innovation geschaffen.

3. Mutig führen

Wenn Chefs ihre Mitarbeiter nicht nur mit Vorgaben anleiten oder extrinsisch motivieren, sondern wirklich von der Sinnhaftigkeit ihrer Tätigkeit überzeugen wollen, nennt man das Transformational

Leadership Style oder auf Deutsch transformationale Führung. Dieser Führungsstil basiert auf der Annahme, dass gut geführte Mitarbeiter Vertrauen, Loyalität und Respekt für ihren Vorgesetzten entwickeln und ihm folgen, weil sie spüren, dass er sie transformieren, also zu kompetenten Menschen befähigen will. In der transformationalen Führung heißt dies, dass der Vorgesetzte Visionen erlebbar macht, dass er sich gemeinsam mit seinen Mitarbeitern überlegt, wie die mit der Vision verbundenen Ziele erreicht werden können, dass er die individuelle Entwicklung eines jeden Mitarbeiters im Blick hat und fördert. Dieser Führungsstil wird in der Managementliteratur als das Mittel der Wahl angepriesen, wenn ein Chef sein Team durch Veränderungsprozesse leiten muss.

Transformationale Führung ist sicher nicht der einzig richtige Stil für einen Digital Leader. Manager sollten in jedem Fall unterschiedliche Führungsstile und Innovationstools kennen, die sie je nach Situation, Teamstruktur und Mitarbeitertyp anwenden können. Mutig in der Führung heißt für mich, dass eine Führungskraft spürt, welche Führungsmethode gerade die passende ist, und sie konsequent entschlossen anwendet: Wenn ein Digital Leader weniger digital affine Mitarbeiter zum Umdenken, Dazulernen oder zu höheren Leistungen motivieren muss, dann eignen sich womöglich transformationale Methoden sehr gut. Der Vorgesetzte übernimmt die jeweils für den Mitarbeiter, das Team und für die Situation passende Rolle. Mal ist er Coach, mal Inspirator, Diener oder Anführer. Doch manche Teammitglieder haben zu viele Enttäuschungen erlebt und können keiner Führungskraft mehr vertrauen.

Für sie funktioniert vielleicht der transaktionale Führungsstil am besten, der auf einer Transaktion, also einem Tauschgeschäft, basiert: »Sie lernen den Umgang mit dieser Software. Dafür bekommen Sie einen Tag frei.« Sollte eine Situation unübersichtlich werden und schnelle Entscheidungen notwendig sein, wird der Vorgesetzte gemäß der Great-Man-Theorie das Ruder übernehmen müssen und schnell agieren. Wenn sein Team Tag und Nacht arbeiten muss, um eine Deadline einzuhalten, bringt er im Stil des Servant Leadership Pizza und Club-Mate vorbei. Und sollte er eine Vielzahl von Mitarbeitern führen, die ewig gleiche Routinearbeiten verrichten und die zuverlässigen Arbeitsabläufe und -zeiten schätzen, wird er möglicherweise auch hier den transaktionalen Führungsstil wählen, bei dem Leistung und Gegenleistung auszutarieren sind.

Kurz: Die digitale Transformation kann nur gelingen, wenn ein Digital Leader in der Lage ist, sich auf die jeweilige Arbeitssituation einzustellen, und mit einer festen Haltung und überzeugenden Werten vorlebt, was er von seinem Team erwartet. Damit die Mitarbeiter tagtäglich prüfen können, ob es sich lohnt, sich für das Projekt – oder was auch immer gerade ihre Aufgabe ist – einzusetzen. Damit sie spüren, dass der Vorgesetzte das, was Kollegen und Mitarbeiter für das Unternehmen tun, unterstützt und positiv begleitet. Mutig führt ein Chef, wenn er Haltung zeigt und Konflikte aushält, weil er weiß, dass nur im Dissens Raum für Veränderung entstehen kann. Wenn er sich die Zeit nimmt für den Austausch mit anderen und diese auf Augenhöhe führt, weil für ihn Kommunikation keine Zeitverschwendung ist. Wenn er sich auch einmal führen lässt, sobald er spürt, dass andere im Team im Moment besser wissen, wo es langgehen soll. Und wenn er dafür sorgt, dass das Team erfolgreich ist. So entstehen Glücksgefühle und Flow.

4. Sozial kompetent sein

Sozial kompetent sein heißt zu wissen, welche Person bzw. welches (Projekt-)Team für die jeweilige Aufgabe am besten geeignet ist und wie man sie aus unternehmerischer Sicht zu guten Ergebnissen motiviert. Volker Jacobs, Geschäftsführer der Hamburger Führungskräfteberatung CEB, nennt solche Führungskräfte Enterprise Leader, weil sie den unternehmerischen Erfolg *und* das Wohl des Teams im Blick haben, eine These, die auch für die Digital Leadership gilt. Seine Zahlen belegen, dass Teams von Führungskräften, die Offenheit leben und sich als Enabler sehen, zu 68 Prozent innovativer, zu 35 Prozent engagierter und zu 21 Prozent anpassungsfähiger sind als Teams einer klassischen Führungskraft. Vor allem in Zeiten des virtuellen Projektmanagements sind soziale Kompetenzen des Projektleiters unerlässlich.

Es ist seine Aufgabe, Teamgeist und ein Gefühl von Zusammengehörigkeit zu erwirken, geeignete digitale Tools für die virtuelle Zusammenarbeit auszuwählen und dafür zu sorgen, dass jeder damit umgehen kann. Außerdem sollte er die kulturellen Unterschiede der Teammitglieder erkennen und für den Projekterfolg geschickt einbinden. Erfolgreiche virtuelle Teamleiter planen beispielsweise zu Beginn einer jeden Telefonkonferenz einen definierten Rahmen ein für SmallTalk und gesellige Kommunikation. Hier werden Geburtstage, Hochzeiten, Geburten und andere Lebensereignisse gefeiert und zwanglos Informationen zu Learnings mit Tools und Techniken ausgetauscht.

Sozial kompetent bedeutet auch, Unterschiede im menschlichen Sein zuzulassen und für den unternehmerischen Erfolg zu nutzen. Das Stichwort »Diversity« ist in aller Munde. Diversity setzt die Einsicht voraus, dass man von Menschen, die anders sind als man selbst, lernen kann. Deshalb sollte jedem Menschen eine gleichberechtigte Chance gegeben werden, sich unabhängig von Hautfarbe, Geschlecht, sexueller Orientierung, Weltanschauung, kulturellem Hintergrund oder körperlicher Einschränkung in Unternehmen zu entwickeln. Bei der Gleichstellung von Frauen hat sich Thomas Sattelberger in seiner Zeit als Telekom-Personalvorstand (2007 bis 2012) profiliert, indem er die 30-Prozent-Frauenquote für Führungspositionen eingeführt hat. Auch für Donna Carpenter, CEO des Snowboardherstellers Burton, ist Diversity eine der wichtigsten Voraussetzungen für echte Innovationfähigkeit und Mitarbeiterzufriedenheit. Im Rahmen ihres Diversity-Managements hat sie vor allem das Thema »Frauen in Führung« zum Kernthema ihres Unternehmens erklärt und sich für flexible Arbeitszeiten, vom Unternehmen bezahlte Kinderbetreuung, Elternzeit für Väter und ein Mentoringsystem für talentierten Führungsnachwuchs eingesetzt – alles Maßnahmen, von denen auch männliche Führungskräfte der Generation Y profitieren.

Wahres Diversity Management steckt in vielen Unternehmen jedoch noch in den Kinderschuhen. Twitter beispielsweise, der Social-Media-Kanal, auf dem Aktivisten am effektivsten auf die Benachteiligung von Randgruppen aufmerksam machen können, hat für das Diversity Management ein eigenes Team installiert. Seine Aufgabe ist unter anderem dafür zu sorgen, dass jeder Mitarbeiter weltweit ein Anti-Bias-Training absolviert.

Um Veränderungen zu leben, bedarf es, wie auch Andreas Jamm im Interview berichtet, einer offenen Kultur und Kommunikation in alle Richtungen. Nur wenn Sie sich im Team und mit anderen Abteilungen austauschen – ob nun im persönlichen Gespräch, am Telefon, per E-Mail, mit einem Gruppen-Kommunikations-Tool, über Messenger, Chat oder per Flurfunk –, werden Sie Ihr Unternehmen erfolgreich in die Zukunft führen, denn Transparenz schafft Vertrauen.

5. Entschlossen sein

Fakt ist: Rund 70 Prozent aller Change-Projekte in Unternehmen gehen schief. Die Hauptursache dafür: wankelmütige Führungskräfte, die erst begeistert in Richtung Neues stürmen und dann, wenn der erste Stein im Weg liegt, schnell wieder umkehren – und vielleicht sogar den Wandel als vollzogen erklären. Digital Leader hingegen sind entschlossen, ihre selbst gesteckten Ziele zu erreichen und ihre Visionen erlebbar zu machen. Sie tragen das Unternehmer-Gen in sich, das sie so schnell nicht aufgeben lässt. Sie entwickeln klare Strategien und flexible Taktiken, um Hindernisse zu überwinden. Sie unterstützen ihre Teams und motivieren sie, es ihnen gleichzutun.

Auch wenn alle diese Kriterien für Ihren Erfolg als Digital Leader entscheidend sind – letztlich gibt es keine universell richtige Antwort darauf, welchen Merkmalmix ein Digital Leader leben muss. Die Lebensgeschichte der Führungskraft und die Kultur des Unternehmens, in der sie tätig ist, spielen eine ebenso große Rolle wie die genannten fünf Eigenschaften. Woher wir kommen, bestimmt auch unser Sein und unser zukünftiges Streben. Alles ist Teil unserer DNA.

Um diese Art Vorbild als Digital Leader zu sein, muss man keine »echte« Führungskraft mit oder ohne Personalverantwortung sein. Bei Digital Leadership geht es vor allem um eine vorbildliche Selbstführung und das Selbstverständnis, mit dem sich jeder Einzelne für seine Aufgaben einsetzt. Digital Leadership Excellence heißt, sich selbst, die eigenen Werte, Stärken und Schwächen zu kennen, um so auf die Erfordernisse der Zeit reagieren zu können. Eine Person, die zu ihren Schwächen steht und nicht nach immer neuen Schuldigen sucht, ist für andere berechenbar. Einer Person, die mit anderen aus Fehlern lernt, die Probleme löst und niemanden bestraft, wenn er etwas falsch gemacht hat, wird großes Vertrauen entgegengebracht. Damit ist sie Vorbild und »Enabler« (dt.: Möglichmacher) für andere zugleich.

Dieses Vermögen trägt prinzipiell jeder Mensch in sich. Es kann als Navigationstool eingesetzt werden, wenn man »selbst in Führung« geht. Doch nicht jeder hat von Natur aus einen Plan. Manchem ist im heutigen Führungsumfeld der innere Kompass verloren gegangen. Sollte es Ihnen auch so gehen, gibt es eine Lösung.

Canvas – Feld für Feld

Bei der Entwicklung eines Zielbilds oder eben einer Vision haben wir Ihnen die fünf Merkmale als Orientierungshilfe gegeben. In Feld 2 der Canvas geht es um Ihre Management – und Leadership-Qualitäten. In Feld 3 widmen wir uns dem Digital Leadership Style. Hier geht es darum, Ihre »Superkräfte« herauszufinden und einzutragen, mit denen Sie als Digital Leader Ihr Team zum Erfolg führen können. Als Nächstes denken Sie über Ihr Netzwerk nach, um dann zu überlegen, wie andere Sie als Führungskraft erleben.

Wir werden jeden Ihrer Schritte begleiten. Auch wenn es um Ihre Herausforderungen geht (Feld 6), um Ihre Ideen und Lösungen (Feld 7) sowie um Ihr Erfolgsbarometer (Feld 8). Gemeinsam werden wir uns Stück für Stück die Canvas anschauen.

Die Felder der Canvas geben eine grobe Richtung vor. Und das birgt auch Überraschungen. Denn: Was Sie für die neue Führung halten, ist bei Ihnen vielleicht schon angelegt.

Schießlich kommen Sie nicht frisch von der Schule. Sie haben ja schon ein ganzes Stück Leben gelebt, um es jetzt mal etwas pathetisch auszudrücken. Sie haben auch schon viel gehört, viel gelesen, Sie haben viele Erfahrungen gesammelt und sind bisher ein gutes Wegstück gegangen. Wir sind uns sicher: Sie haben sich dabei eine Meinung gebildet. Eine klare Meinung, wie Führung auszusehen hat. Und wir sind uns auch sicher, dass Sie durchaus wissen, worin Ihre Qualitäten liegen.

Denken Sie nicht, dass dies »heute alles nicht mehr zählt«, dass die Jungen mit ihren sozialen Netzwerken und ihrer unerschrockenen disruptiven Haltung Ihnen alles wegnehmen, alles infrage stellen, was Sie jemals gedacht und getan haben. Denken Sie zunächst nicht an Ihren nicht vorhandenen Twitter-Account und Ihre misslungenen Versuchen, die Dinge ganz neu und anders zu machen. Denken Sie einfach daran, was Sie für gut und richtig halten.

Der Klassiker der Demotivation

Gehen Sie also in sich. Wir kommen jetzt an den Punkt, an den jedes Buch zu den Themen Führung und Arbeit früher oder später kommt. Sie ahnen es.

Genau: die Gallup-Studie. Der Klassiker der Demotivation. Sie ist der jährliche Beleg, dass die meisten Arbeitnehmer in Deutschland nur Dienst nach Vorschrift machen. Lediglich 15 Prozent der im Jahr 2016 Befragten fühlen sich emotional an ihren Arbeitgeber gebunden. Die Mehrheit (70 Prozent) mache, so die Studie, das, was Pflicht ist. Mehr nicht. Jeder Siebte hat innerlich schon gekündigt. Dass jemand morgens gern zur Arbeit geht, produktiv ist, im Betrieb bleibt, hängt laut der Studie vor allem vom Verhalten des Vorgesetzten ab.

Aus unserer Sicht ist es vermutlich nur Zufall, dass die Studie explizit den Begriff »Vorgesetzter« wählt. Also: Gerade einmal jeder Fünfte gab an, sein Chef motiviere ihn, »hervorragende Arbeit« zu leisten. Fast ebenso viele dachten in den vergangenen zwölf Monaten darüber nach, wegen des Vorgesetzten zu kündigen. Und nun schließt sich der Kreis.

Die Führungskräfte selbst sind sich dessen gar nicht bewusst: 97 Prozent halten sich selbst für eine gute Führungskraft. Wobei die Meinungen über das, was »gut« ist, etwas auseinandergehen. Ein Grund, weswegen so viele Beschäftigte im Stillen frustriert sind und die Chefs sich anders einschätzen, sei laut Gallup-Studienautor »die Angstkultur in vielen Unternehmen«. Und da haben wir wieder die Angst.

Die Mehrheit der Mitarbeiter würde Probleme nicht besprechen, weil sie Konsequenzen befürchten. Gut jeder Zweite gab an, im vergangenen Jahr überhaupt einmal ein Feedbackgespräch gehabt zu haben – und das ziemlich fehlerorientiert. Es geht um Defizite, nicht um Stärken. Die Chefs sehen nur das, was besser werden muss, und erwähnen nicht, was gut ist. Womit wir wieder bei Ihrer Selbsteinschätzung und Ihren Qualitäten wären.

Geht es Ihnen nur um Ihre eigene Karriere?

Sollten Sie zum Ergebnis kommen: »Ich bin ein Alphatier. Ich geh voran. Ich treffe Entscheidungen aufgrund meines Exklusiv-Wissens und ich halte meine Mitarbeiter auf Trab, indem ich ihnen ihre Defizite vorhalte« – dann müssten wir noch mal ran. Dann deutet vieles darauf hin, dass Ihr Ideal der Chef ist, der alles kontrollieren will, der Wissen und Informationen vor seinen Mitarbeitern abschirmt und sie im Grunde wie Kinder behandelt.

In der digitalisierten Welt wird das mit dem Abschirmen schwieriger. Daten und Informationen sind für viele zugänglich – und allein die Menge an Informationen überfordert jede Führungskraft.

Und ja, es wird von Ihren Mitarbeitern sehr wohl registriert, wenn es Ihnen nur um Ihr eigenes Vorankommen, Ihre Karriere geht – und nicht um das Vorankommen Ihrer Leute. Und wenn es Ihnen an Begeisterungsfähigkeit mangelt, Sie nicht Vertrauen aufbauen und auf den Gestaltungswillen Ihrer Mitarbeiter setzen, dann hat das auch ökonomische Folgen – wie Gallup bestätigt. Würden in einem Betrieb nur hoch motivierte Mitarbeiter arbeiten, die im Schnitt sechseinhalb Tage fehlen, könnte ein Unternehmen mit 500 Mitarbeitern 102 000 Euro im Jahr einsparen, ein Unternehmen mit 30 000 Mitarbeitern rund sechs Millionen.

Auch deshalb ist es an der Zeit, Ihr Führungsverhalten und Ihre Qualitäten zumindest kritisch zu betrachten. Einer dieser wichtigen Schritte auf dem Weg zur Digital Leadership.

Sich selbst führen

Die Basis für die Führungskultur eines Digital Leaders bildet der Dreiklang aus Self Awareness, Emotional Intelligence und Operations, also sich selbst führen – andere führen – Prozesse steuern.

Jeder, der Kinder erzieht, weiß aus eigener Erfahrung: Wer andere Menschen führen will, muss sich selbst führen können. Wer Prozesse gestalten will, muss sortiert sein im Denken und Handeln. Das bedeutet auch für den Erfolg eines Digital Leaders, dass er erst einmal sich selbst erkennen muss, wofür er steht und wie er tickt, bevor er die Führung von anderen übernimmt. Kurz und gut: Ein guter Leader benötigt ein intuitives Gespür für Gefahr in Verzug.

Digitalisierung als Chance nutzen: Cloud statt Leitz-Ordner

Warum der Chef Sinn stiften muss, warum wir glauben, dass jeder ein Digital Leader werden kann und welche Technologie Ines Gensinger dafür nutzt.

Die Recruiter, die Personaler unter Ihnen, fragen nun sicher: Alles schön und gut, liebe Autorinnen, Sie haben ja recht in vielen Dingen. Aber: Wo finden wir diese Spezies von Chef, die es schafft, Mitarbeiter so zu motivieren, dass der Output stimmt, dass sich alle gern und engagiert in den Unternehmensalltag einbringen? Unsere Antwort darauf: Einige sind vielleicht schon da.

Gucken Sie sich doch in Ihrem Unternehmen um. Da gibt es bestimmt eine Reihe von digitalen Führungstalenten, die Sie mit Ihrer bisherigen Personal-Software einfach nicht erfasst haben. Sie haben bisher immer nur fachliche Kompetenzen abgefragt, und wenn ein Bewerber eine entsprechende fachliche Qualifikation bezeugen konnte, diesen eingestellt. Aber: Haben Sie jemals nach »Mut« gefragt? Nach seiner Fähigkeit, ohne Rezept zu kochen? Nach seinem Umgang mit Fehlern? Nach seinen Werten?

Sehen Sie. Genau deshalb haben wir auf der Canvas das Feld 2 und die damit verbundene Frage »Wie steht es um Ihre Management- und Leadership-Qualitäten?« Also die Frage nach Vorstellungen, Werten, Fähigkeiten und Kenntnissen, die die persönliche Führungsqualität auszeichnet. Oder einfach auch die Frage: Was treibt Sie an? Worin sehen Sie Sinn – und sind Sie in der Lage, Sinn zu stiften? Daraus lässt sich viel ableiten.

Ohne paranoide Kontrolle

Wir sind uns sicher, dass sich jeder Mensch da, wo es nötig ist, vom Boss zum Leader entwickeln kann. Wenn er sich auf seine Stärken besinnt, anderen Menschen damit als Vorbild dient und sie motivieren kann, ihr Bestes zu geben auf dem gemeinsamen Weg in die sich täglich verändernde Zukunft. Digital Leader – und davon ist ja die Rede – schaffen es, gemeinsam mit ihren Teams eine sinnhafte Unternehmenskultur zu gestalten, um an der digitalisierten Gesellschaft teilzuhaben und sich am automatisierten Markt der Zukunft behaupten zu können. Die Bereitschaft zur Innovation und zur Disruption sowie soziale Kompetenz zeichnen diese neuen Chefs aus. Und vor allem ihre Überzeugung, etwas ausprobieren zu müssen.

Das kann ein Motto wie »Cloud statt Leitz-Ordner« sein oder eine Führungskultur auf Augenhöhe. Digital Leader sind mutig. Sie trauen ihren Mitarbeitern mehr zu als eine klassische Führungskraft. Digital Leader schaffen eine offene Atmosphäre ohne Angst vor Fehlentscheidungen oder paranoider Kontrolle. Sie gehen davon aus, dass Menschen normalerweise daran interessiert sind, ihr Bestes zu geben. Sie schaffen Raum und Zeit für Veränderung, in dem und in der Mitarbeiter neue Aufgaben übernehmen dürfen, wenn sie ihre bestehenden Aufgaben möglicherweise durch digitale Tools effektiver erledigen können oder wenn sie überflüssig geworden sind. Sie befähigen ihre Teams, sich selbst zu organisieren, und lernen, virtuell zu führen. Digital Leader wissen auch, dass Vielfalt im Team bessere Ergebnisse liefert, und stellen nicht nur Menschen ein, die ihnen ähnlich sind.

Wir haben drei Beispiele zusammengetragen, in denen Führungskräfte neu Formen des Leaderships praktizieren:

Der junge Projektmanager, der aus der Schwerindustrie in die Medizintechnik gewechselt ist, dort in internationalen Teams arbeitet und als Digital Leader ganz gezielt das Voneinanderlernen in virtuellen Teams moderiert.

Die Marketingleiterin eines internationalen Digitalunternehmens, die fortwährenden Kürzungen im Team mit radikalen Kürzungen im Workload begegnet, indem sie gemeinsam mit dem Team alle Aufgaben und Prozesse analysiert, priorisiert und gegebenenfalls mit digitalen Tools optimiert oder, wenn sie nicht mehr zielführend sind, ganz einfach abschafft.

Der junge Salesmanager in einer überalterten Vertriebsabteilung eines mittelständischen Unternehmens, der per digitalem Fragebogen die unterschiedlichen Kommunikationsvorlieben seiner Chefs und Kollegen analysiert und in einem anschließenden Workshop mit allen zusammen verabredet hat, in welchen Jobsituationen sie zukünftig telefonieren, mailen oder chatten wollen.

Sie alle haben ihre Kollegen, sogar Chefs, dazu motiviert, in schwierigen Situationen gemeinsam Lösungen zu finden. Das schweißt Teams zusammen, weckt das Gefühl, allen Unterschieden zum Trotz zusammen etwas bewirken zu können. Dieses An-einem-Strang-Ziehen macht Spaß und wirkt auch dort sinnstiftend. Es kreist immer wieder um das Thema Sinn und Sinn stiften.

Ohne Tricksen zu Höchstleistungen

Wir haben gesehen: Wer sich aufmacht in Richtung digitale Transformation, benötigt einen Kompass. Die richtige Richtung finden Sie, wenn Sie diese drei Aspekte der Führung überdenken: Ihre Selbstführungskompetenz, Ihre Maßnahmen zur Mitarbeiterführung und wie Sie die Prozesse gestalten, für die Sie verantwortlich sind. Bisher haben wir uns mit der Selbstführung beschäftigt. Wie Sie mit den drei Leitgedanken geistige Flexibilität, Digital Mindset und Effectuation sicherer Entscheidungen treffen können und wie Sie Orientierung durch passende Vorbilder finden.

In einem nächsten Schritt zeigen wir, wie Digital Leader eine Arbeitsatmosphäre schaffen können, die Ihr Team – ohne zu tricksen –

zu Höchstleitungen motiviert. Die alles entscheidende Frage lautet: Wie wollen wir arbeiten? Zu den Begriffen, die wir im Zuge von New Work lesen, gehören Wörter wie »agil«, »vernetzt«, »auf Augenhöhe«, »Vertrauen« und »Sinnhaftigkeit«. Und genau das ist es. Das ist das Fundament des Wandels.

Der Kulturwandel in Organisationen lässt sich nur dann bewerkstelligen, wenn wir umdenken und eine neue Arbeitsatmosphäre schaffen. Die digitale Revolution führt zu einer Kulturrevolution. Doch wie lässt sich diese steuern und gestalten?

Produktionsmittel bestimmen das Denken und Handeln

CEO Mark Fields baute die Ford Motor Company vom Automobil- zum Mobilitätskonzern um. Das Neue am Geschäftsmodell: Bisher hat Ford Autos verkauft und seinen Erfolg an der Zahl der verkauften Pkws gemessen. Heute vernetzen sie sich mit anderen Mobilitätspartnern und bieten über eine gemeinsame Plattform Mobilitätsservices an. Es geht um die perfekte Verbindung zwischen zwei Orten per Pkw, Taxiservice, Bus oder Bahn. Weil der Pkw beim vernetzten Reisen nur ein mögliches Transportmittel unter vielen darstellt, das nicht unter jeder Voraussetzung das passende ist, wird Ford seinen Erfolg künftig in gefahrenen Kilometern messen.

Wenn es einem traditionellen Automobilkonzern gelingt, seine bewährte Erfolgsmessung von der Stückzahl auf Leistung umzustellen, dann gilt das in der Branche als innovativ.

Im neuen Geschäftsmodell ist der Kundennutzen nicht mehr, mit dem individuellen Transportmittel Pkw größtmögliche Unabhängigkeit beim Reisen zu ermöglichen. Jetzt geht es darum, den Kunden schnellstmöglich, ressourcenschonend und dennoch günstig von A nach B zu befördern. Da jetzt auf leistungsstarken Onlineplattformen große Datenmengen gebündelt und ausgewertet werden können, werden Transportangebote vieler Anbieter gemeinsam angeboten und verkauft. Der Trend zu Hypervernetzungen auf digitalen Plattformen entspricht dem Zeitgeist: über eine Onlineanfrage blitzschnell optimale Ergebnisse erzielen, optimal im Sinne von maximalem Service, ressourcenschonend und zum bestmöglichen Preis. Voraussetzung hierfür sind Vernetzung, Sinnhaftigkeit und Transparenz.

Eine von Kundenwünschen getriebene Wirtschaft

Diese Anforderungen lassen sich auch auf die Arbeitswelt in Zeiten der digitalen Transformation übertragen. Heutzutage möchten und müssen Wissensarbeiter von überall und zu jeder Zeit kommunizieren und zusammenarbeiten. Diese maximale Vernetzung für Kommunikation ist möglich, weil fast überall auf der Welt WLAN zur Verfügung steht, auf das per Smartphone, Tablet oder Laptop ortsungebunden zugegriffen werden kann. Digitale Services wie Messenger-Dienste oder Video-Calls ermöglichen Kommunikation in Echtzeit. Digitale Arbeitsmittel wie E-Mail, simultane Dokumentenbearbeitung und Foto- und Videodokumentationen, die in der Cloud gespeichert werden können, ermöglichen es Teammitgliedern, überall und jederzeit informiert zu sein, sich online auszutauschen und virtuell zusammenzuarbeiten. Im Zentrum der digitalen Arbeitsorganisation steht nicht mehr das Synonym für Auto, also der persönliche Arbeitsplatz mit persönlichem Telefonapparat und stationärem PC, ergonomischem Schreibtischstuhl und Rollcontainer, sondern der Transport, also der schnelle und unkomplizierte Austausch von lösungsorientierten Informationen.

Wie wirkt sich die Möglichkeit, noch rasanter und effektiver zu kommunizieren, auf den arbeitenden Menschen aus? In einer von Kundenwünschen getriebenen Wirtschaft, in der immer schneller produziert und kommuniziert werden muss, kann es sich kein Unternehmen leisten, in Selbstzufriedenheit zu verharren und sich gegenüber den neuen, effektiveren und damit schnelleren Produktions- und Kommunikationsmitteln zu verschließen. Nach dem US-amerikanischen Change-Management-Experten John Kotter ist es unerlässlich, auf allen Ebenen des Unternehmens »ein Gefühl der Dringlichkeit« für Veränderungen zu schaffen.

Textnachricht ist schneller und effizienter

Auch bei der Arbeitsorganisation sind digital aufgestellte Unternehmen, Start-up-Teams und Digital Natives klar im Vorteil. Entrepreneure vernetzen sich über schnelle Kommunikations- und Projektmanagement-Tools. Zur Umsatzsteigerung werden Marketing und Vertrieb über Software organisiert, die effiziente Verkaufsprozesse mittels Cloud-Lösung versprechen. Jugendliche der Generation Z nutzen E-Mails nur noch für offizielle Korrespondenz – so wie heute in klassischen Büros noch das Fax eingesetzt wird. Studien über New Work belegen, dass die Zusammenarbeit von Teams effizienter und unkomplizierter abläuft, wenn die formale und schwerfällige E-Mail von schnellen, eher informellen Messenger-Diensten wie WhatsApp und Yammer oder von Collaboration-Tools wie Teams, Slack oder Trello ersetzt werden.

Die digitalen Nomaden unter den Wissensarbeitern ziehen es vor, nicht am stationären Bürocomputer zu sitzen und akribisch Tools zur Arbeitszeiterfassung bedienen zu müssen. Sie loggen sich an einem Ort ihrer Wahl über ihren Laptop bei Skype ein, verbinden sich über einen Facetime oder WhatsApp Call, um sich so mit den Kollegen virtuell auszutauschen – ganz ohne Stechuhr. Projekte lassen sich schneller und effektiver umsetzen, wenn sie gemeinsam und simultan erarbeitet, dokumentiert, analysiert und ausgewertet werden. Und E-Mails können abgearbeitet werden, wenn die Familie versorgt ist oder der Businesspartner wegen Zeitverschiebung nicht erreichbar ist. Technische Voraussetzung für dieses New Work, diese neue Form der Zusammenarbeit, ist, dass Mitarbeiter unabhängig von Status und Hierarchie mit Laptops, Tablets oder Smartphones ausgestattet werden, damit sie von überall dort, wo sie sind, kommunizieren und arbeiten können.

Schlüsselkompetenz Vertrauen

Effizienz ist eines der größten Erfolgskriterien in unserem Wirtschaftssystem. Damit Teams effektiver zusammenarbeiten können, haben Unternehmen wie Boldly Go Industries, Microsoft und Philips Smart Offices konzipiert. Wo es einen Betriebsrat gibt, wurde in Abstimmung mit der Belegschaft eine Büroarchitektur entwickelt, die das Flexible, Mobile und Vernetzte der digitalen Zeit in den Arbeitsalltag trägt. Die Offices bieten kreativitätsfördernde Bereiche, Funktionsräume für Telefonate und Meetings und einfache Flächen für das Arbeiten am Laptop ohne fest zugewiesene Arbeitsplätze. Die Philosophie hinter den Raumkonzepten ist, dass Menschen, die ihren Arbeitsalltag selbst gestalten und über Zeit und Ort für den Einsatz ihrer Kapazitäten frei entscheiden können, sich agiler und dynamischer für ein Unternehmen einsetzen als jemand, der er sich in einem Einzelbüro mit Kunstdruck und Topfpflanze gemütlich eingerichtet hat. Das gilt natürlich nicht für jeden. Es gab auch Kündigungen. Und natürlich muss nicht jeder Mitarbeiter mit einer Konsole spielen, aber warum soll er nicht eigenständig auf seinem Firmen-Smartphone Apps herunterladen, mit denen er seinen Arbeitsalltag organisiert und plant? Ob diese Konzepte aufgehen, wird die Zukunft zeigen.

Vertrauen schenken

Nicht jedes Unternehmen hat die Möglichkeit, seine Büroräume komplett umzugestalten. Und vielleicht passen flexibles Arbeiten und virtuelle Kommunikation in Echtzeit auch noch nicht zu jeder Firmenkultur. Laut dem »Bitkom Digital Office Index« vom Mai 2016 nutzen weniger als 35 Prozent aller Büromitarbeiter in Deutschland Social-Collaboration-Tools. Es wird kaum geskypt, nur 8 Prozent der Arbeitnehmer steht ein Intranet- oder Mitarbeiterportal zum schnellen Informationsaustausch zur Verfügung. Noch immer gibt es viele Vorgesetzte, die ihren Mitarbeitern nicht erlauben, dort zu arbeiten, wo es für sie am besten passt. Das kann an Datensicherheitsbestimmungen des Unternehmens oder der Branche liegen, am mangelnden Verständnis für Social Collaboration oder am fehlenden Vertrauen. Wer virtuell arbeitet, muss Vertrauen schenken, zumindest einen Vertrauensvorschuss leisten. Zum einen Vertrauen in die eigene Fähigkeit, virtuelle Zusammenarbeit im Team koordinieren zu können, und zum anderen Vertrauen in die Tatsache, dass jeder Mitarbeiter seinen Arbeitsanteil termingerecht erledigt. Dass Vertrauenkönnen die zentrale Kompetenz für virtuelle Arbeit ist, spiegelt sich auch in der »Vertrauensarbeitszeit« wider, die bei Microsoft, Philips und anderen Unternehmen die Anwesenheitspflicht im Büro abgelöst hat.

Zurück zur Effizienz. In den Augen vieler Führungskräfte sind die Methoden und Handwerkszeuge effizient, die sie am besten beherrschen. Nicht jede Führungskraft, vor allem wenn sie digital wenig affin ist, hat die Geduld, sich mit neuen Tools zu beschäftigen und in moderne digitale Arbeitsprozesse hineinzudenken. Da fehlt der Glaube, dass sich der Aufwand lohnt. Sich eine App herunterzuladen, ihre Nutzerlogik zu erschließen, sich an den disziplinierten Austausch unter Gleichen zu gewöhnen und sich zu überlegen, ob man mit seinen Fragen und Kommentaren die Kollegen nicht vielleicht unnötig von der Arbeit abhält, ist nicht jedermanns Sache. Und wie überall gibt es beim Umgang mit einem Kommunikations- oder Projektorganisationstool unausgesprochene Kommunikationsregeln und Usancen, die ein Newbie gar nicht kennen kann. Hierbei wird ein noch nicht ganz so digital aufgestellter Digital Leader gezwungen, neuzeitlich zu denken und sich an das Thema Selbstführung zu erinnern: »Alles wird gut. Kein Grund zur Panik. Es ist okay, wenn ich Fehler mache. Als Chef muss ich nicht alles besser wissen und jedes Werkzeug beherrschen. Ich verliere mein Ansehen nicht, wenn ich mich ins Neuland begebe und zeige, dass ich noch ganz am Anfang stehe.«

Mitarbeiter in die Verantwortung einbinden

Vertrauen ist dann möglich, wenn Rahmenbedingungen und Regeln definiert sind. Es ist die Aufgabe einer Führungskraft, Rahmenbedingungen zu entwickeln, die es ihr erleichtert, von Mikromanagement und Kontrolle zum Vertrauen überzugehen. Der gewählte Rahmen könnte heißen: Potenziale heben und Selbstorganisation im Team zulassen. Im Transformationswerk Report 2016 gaben die Befragten an, dass aus der Sicht der Mitarbeiter nur 49,8 Prozent der Belegschaft an relevanten Entscheidungsprozessen beteiligt werden. Die Geschäftsführung aber glaube, sie habe 74,2 Prozent der Mitarbeiter beteiligt.

Gerade wenn Veränderungen anstehen, ist es unerlässlich, möglichst jeden zu motivieren, dabei zu sein. Das bedeutet: Ein Digital Leader bindet seine Mitarbeiter so aktiv und spürbar in die Verantwortung mit ein, dass sie sich beteiligt fühlen.

Mehr Selbstorganisation – weniger Mikromanagement

Bevor beispielsweise Philips in die neuen Büroräume zog, gab es viele kritische Stimmen. Wer gibt schon gern sein eigenes Büro auf, um sich je nach Aufgabe einen anderen Arbeitsplatz zu suchen? Wer weiß schon vorher, wann er telefonieren will, E-Mails abarbeiten muss oder sich spontan mit einem Kollegen aus einer anderen Abteilung treffen möchte, um eine Info zu erhalten? Wer verzichtet schon gern auf das Bürotelefon, das auch mal ein Kollege abnimmt, zugunsten einer unpersönlichen Handymailbox? Und wer hat nicht Angst davor, dass man im Homeoffice, so ganz ohne die Kontrolle der Kollegen, das Abendessen vorkocht, anstatt das Angebot zu kalkulieren? Wer sich mit diesem New Work zurechtfinden will, benötigt viel Selbstdisziplin und klare Strukturen. Auch bei dieser Form der Arbeitsorganisation müssen Sie als Digital Leader Vorbild sein und Ihre Kollegen unterstützen.

Microsoft beispielsweise bietet Coachings an, bei denen Mitarbeiter lernen, sich selbst und ihre Aufgaben im Homeoffice besser zu organisieren. Bei Philips haben sich in der Kommunikationsabteilung Routinen ergeben: Anfang der Woche finden Teammeetings im Headquarter statt, bei denen die Teams eigenständig planen, was zu tun ist und wofür sie in den kommenden Tagen an welchem Ort sein müssen. Stehen keine Face-to-Face-Termine an, bleibt es ihnen überlassen, ob sie an einer der Arbeitsflächen im Büro arbeiten wollen oder das Café mit WLAN-Anschluss bzw. das Homeoffice vorziehen. Auch der CEO arbeitet nach diesem Prinzip: Er hat sein Chefbüro fernab von allen Mitarbeitern aufgegeben und ist nun, wenn er an der Workstation sitzt, für jedermann ansprechbar.

Transparenz schafft Verantwortung

Es ist ebenso offensichtlich, dass sich virtuelle Zusammenarbeit und Vertrauensarbeitszeit nicht auf demselben Wege kontrollieren lassen wie das Arbeiten im Büro. Um dennoch sicherzustellen, dass Aufgaben erledigt werden, benötigen Sie Transparenz. Die Zusammenarbeit wird effektiver, wenn Sie das Ziel der Aufgabenstellung mitkommunizieren. Wenn ein Leiter Rechnungswesen einem Mitarbeiter die Anweisung gibt, bis zur Mitte der Woche eine Excel-Tabelle zu aktualisieren, und den Grafiker aus dem Marketing beauftragt, anschließend die Zahlen bis zum Ende der Woche optisch gemäß der Firmen-CI aufzubereiten, dann muss er prüfen, ob Termine einhalten werden, und gegebenenfalls zur Arbeit antreiben. Wenn die Führungskraft dagegen im Teammeeting ankündigt, dass die aktuellen Zahlen für den Monatsbericht bis Ende der Woche so aufzubereiten sind, dass die Chefetage sie schnell erfassen kann, dann obliegt die Verantwortung für den Job beim sich selbst organisierenden Team. Man überlegt gemeinsam, welche Arbeitsschritte zu welchem Termin notwendig sind und wer die Teilaufgaben übernimmt. Es wird ermittelt, ob alle benötigten Kompetenzen im Team vorliegen, welche Tools gebraucht werden und ob die dafür benötigte Technik funktioniert. Nicht zuletzt werden Verfahren zur Fortschrittskontrolle verabredet.

Der Vorgesetzte sorgt als Coach und Enabler dafür, dass die Voraussetzungen für die Zusammenarbeit stimmen. Er organisiert die Kapazitäten und Skills, die im Team nicht vorhanden sind, und sorgt dafür, dass die benötigten Ressourcen freigegeben werden. Das verstehen wir darunter, wenn wir sagen: Ein Digital Leader orchestriert die Möglichkeiten.

Gute Organisation und Transparenz ermöglichen Vertrauensarbeit

Ein Digital Leader schafft also Voraussetzungen, die selbstbestimmtes Arbeiten im Team ermöglichen. Transparenz führt zu einem besseren Verständnis des Gesamtzusammenhangs und ermöglicht damit Mitarbeitern, die Verantwortung für das Ergebnis ihrer Arbeit selbst zu übernehmen. Weil die Führungskraft erklärt hat, welches Ziel mit der gestellten Aufgabe zu erreichen ist, sind die Mitarbeiter in der Lage, die Relevanz ihrer Arbeit richtig einzuschätzen.

Sie können nun erkennen, ob die Priorität im Vergleich zu anderen Projekten hochzusetzen ist und welcher Perfektionsgrad erwartet wird. Jetzt können sie sich überlegen, wo die Aufgabe am besten zu erledigen ist. Zu Hause, im Multifunktionsraum, am Schreibtisch? Wenn sie jetzt noch virtuell vernetzt sind, chatten können oder über den Browser oder eine App gemeinsam das Dokument bearbeiten können, wird es leichter für sie sein, das gesetzte Ziel zu erreichen. So hat jeder Mitarbeiter die Chance, etwas Wertvolles, weil Wertschöpfendes zum Unternehmenserfolg beizutragen. Als selbstbestimmtes Subjekt übernimmt er die Verantwortung für seine Arbeit und trägt damit wie ein Entrepreneur zum Unternehmenserfolg bei.

Der Sinn liegt in der DNA

Unternehmensweit wird die Frage »Wie wollen wir arbeiten?« mit Blick auf die DNA eines Unternehmens zu beantworten sein. Denn Wesen und Kern einer Organisation bestimmen auch die Arbeitsabläufe im Joballtag. So unterschiedlich, wie die Kulturen und Visionen von Unternehmen sind, so unterschiedlich ist auch ihr Umgang mit New Work.

Das Chefbüro zeigt deutlich, welcher Arbeitskultur sich das Unternehmen verbunden fühlt und dass Digital Leader in ganz unterschiedlichen Ökosystemen agieren. Wie entscheidend sich die Unternehmenskultur auf die Handlungsmöglichkeiten von Digital Leadern auswirken, wird vor dem Hintergrund des digitalen Wandels besonders deutlich. Wenn durch die Digitalisierung das Primat des Ökonomischen noch wichtiger wird und die zunehmende Automatisierung und Vernetzung die Stabilität unserer bestehenden Organisationen gefährden, dann ist es die vorderste Aufgabe des Managements, sich darüber Gedanken zu machen, warum es für Mitarbeiter erstrebenswert ist, in ihrem Unternehmen tätig zu sein und seine digitale Transformation aktiv mitzugestalten.

Nicht nur bei den Mitarbeitern der Generation Y steht die Sinnfrage im Vordergrund, auch bei allen anderen »Generationen«. Wenn sie das Produkt ihres Arbeitgebers gern präsentieren, wenn sie es aus Überzeugung empfehlen können, wenn sie eine deutsche Niederlassung leiten oder eine neue Abteilung aufbauen dürfen, ist der Team-Spirit groß und die Einsatzbereitschaft ebenso. Doch wer als Online-Marketingexperte Anzeigen ausschneiden, aufkleben und per Fax an Kunden schicken muss, ist nicht so ganz von der Sinnhaftigkeit seiner Arbeit überzeugt. Entdecken solche Mitarbeiter in einem Unternehmen spannendere Projekte, wechseln sie gern. Sie wissen, dass sie als Digitalexperten gefragt sind, und machen keine langfristigen Pläne.

Werte schöpfen für eine gemeinsame Vision

Beim »Wie wollen wir arbeiten?« geht es sicherlich auch darum, Werte in Unternehmen – wieder einmal – neu zu denken. Noch wird der Wert von Arbeit vor allem nach ihrem ökonomischen Output bewertet.

Darum verdient ein Investmentbanker ein Vielfaches einer Kindergärtnerin. Darum bekommt ein Facharbeiter ohne Abitur mehr Geld auf sein Konto überwiesen als ein promovierter Dozent einer Bildungseinrichtung. Innovative Digitalisierungsberater verdienen gut, doch anders sehen die Durchschnittseinkommen von Onlineredakteuren und Community Managern aus. Inzwischen wird dieses monetäre Bewertungsmodell insbesondere von Arbeitnehmern der Generation Y hinterfragt. Schon heute gibt es junge Unternehmen, in denen Gehälter offengelegt werden oder jeder gleich viel verdient – wie etwa beim Datenschutzanbieter Praemandatum aus Hannover – oder bei denen die Belegschaft über das Gehalt der Kollegen bestimmt – wie etwa bei der Digitalagentur Elbdudler in Hamburg.

Werte leben, Werte vermitteln

Allen voran fordert der Berliner Unternehmensberater Peter Paschek ein radikales Umdenken im Topmanagement. In seinem jüngst erschienenen Werk *Leadership in der digitalen Welt* wünscht er sich »eine Reflexion, die nicht mit der ökonomischen Verwertbarkeit der Ressource Mensch endet, [...] die sich mit der Verantwortung des Managers ›for the good society‹ (Peter Drucker) auseinandersetzt und mit der Frage nach dem wertevermittelnden Handeln von Führung, indem der Führende Werte als seine subjektive Tugend vorlebt«.

Digital Leadership bedeutet bezogen auf die Arbeitswelt demnach viel mehr als digitale Projekte voranzutreiben und virtuelle Teamkommunikation zu ermöglichen, Prozesse zu optimieren und zu vereinheitlichen, Silodenken zu überwinden und innovativ-disruptives Denken zu fördern, aus dem neue Technologien, neue Geschäftsmodelle und damit ein ökonomischer Mehrwert entstehen. Ein Digital Leader hat vor allem die Aufgabe, seine Mitarbeiter über die Reflexion von Werten zum Umdenken und damit zur Anpassung ihrer Produktivität an die neue Zeit zu motivieren. Nach dieser Lesart ist es eine vornehmliche Aufgabe jeder Führungskraft, eine Vision zu entwickeln, ein gutes Vorbild zu sein, mit Werten zu leben und die Arbeit von Kollegen und Mitarbeitern mit Sinnhaftigkeit zu versehen. Die Idee dahinter: Wenn ein Mensch das eigene Handeln als wertvoll und damit als sinnstiftend erfährt, ist er glücklich – und arbeitet besser.

Schöne Momente in der Beratung sind immer dann, wenn Menschen den Sinn ihres Tuns entdecken und sich als jemanden erleben, der etwas Neues lernen und damit etwas Wertvolles zu schaffen vermag. Diese Aha-Momente erleben Digital Leader, wenn sie delegieren lernen und ihr Team als ein sich selbst organisierendes System erfahren, wenn sie durch reflektierte Social-Media-Nutzung die Zahl ihrer Fans und Follower erhöhen, die mit ihnen kommunizieren wollen, oder aber beim Führungskräfte-Coaching, wenn sie das Effectuation-Prinzip »Bird in Hand« erstmalig angewendet haben.

Sinn stiften mit einer Vision

Wenn es um erfolgreiche Leadership geht, werden gern Sinnsprüche von Henry Ford oder Virgin-Gründer Richard Branson zitiert. Letzterer, einst das Enfant terrible des Jetset-Unternehmertums und heutiger Vorzeigeunternehmer, führt nach folgendem Prinzip: Kunden kommen nicht an erster Stelle. Denn wenn man sich gut um seine Mitarbeiter kümmert, kümmern die sich auch gut um die Kunden.

Noch einen Schritt weiter geht der norddeutsche Unternehmer und Hotelier Bodo Janssen. In seinem jüngst erschienenen Buch *Die stille Revolution* erlebt der Leser hautnah mit, wie der erfolgsverwöhnte Erbe einer Hotelmanagementgesellschaft sich vom selbstherrlichen, zahlengetriebenen Topmanager zu einem passionierten Leader mit Gesinnung entwickelt. Seine These lautet: »Glückliche Menschen sind erfolgreich.« Wir gehen noch einen Schritt weiter und behaupten: *Glückliche Mitarbeiter sind eine zentrale Voraussetzung für die digitale Transformation.*

Sich mit Sinn und Zielbildern oder Visionen zu beschäftigen, fällt vielen Managern, die es gewohnt sind, Arbeit zu verteilen und quantitative Ziele zu erfüllen, nicht unbedingt leicht. Die Interviewpartner in unserem Buch machen aber genau das: Sie setzen ihre Visionen erfolgreich zur Motivation durch Sinnstiftung ein.

Ein Lichtermeer aus Smartphones

Peter Vullinghs und sein Managementteam haben als Kick-off für die digitale Transformation von Philips Deutschland ihre knapp 2000 Mitarbeiter zu einem Strategietag eingeladen. Ziel der Veranstaltung war, die Belegschaft von ihrer Vision für den Wandel zu begeistern. Die Inszenierung war im Star-Trek-Style gehalten – so wie auch bei Andreas Jamm von Boldly Go Industries. An einem Punkt, so erzählt Vullinghs, wurde der Raum verdunkelt und alle Mitarbeiter, die ein Smartphone dabeihatten, wurden aufgefordert, die Taschenlampenfunktion zu aktivieren. Da standen sie nun im Lichtermeer, das sie mit Tausenden Smartphones selbst erzeugt haben, und spürten, dass sie einen Beitrag leisten können für die digitale Transformation ihrer Firma. Zum großen Erstaunen der Führungsetage hat sich die traditionell denkende und im Durchschnitt nicht mehr ganz junge Belegschaft eines Traditionskonzerns mit dem Managementteam auf den Weg gemacht, um einer der ganz großen E-Health-Player zu werden in der digitalen Welt. Die bei Philips gelebten Werte wie technologische Präzision, intelligente Lösungen und Stolz auf das global agierende Traditionsunternehmen werden um ein »Mutig-in-die-Zukunft-Gehen« ergänzt.

Sinn stiften konkret

Wie also schaffen Manager heute Sinn? Nun, indem sie es so machen wie der Leader bei der GLS Bank, der Mitarbeiter und Kunden dabei unterstützt, mit ihrem Geld Gutes zu tun (mehr dazu im Interview: »Jeder, der hier arbeitet, stiftet Sinn«, ab S. 79); oder wie der Leader bei Microsoft, der das zweite deutsche Wirtschaftswunder anzukurbeln hilft und dadurch dem Schichtwechsel in der Arbeitsethik positiv gegenübersteht. Oder wie der Leader, der wie bei der Keksfabrik Hans Freitag über Social Media Menschen dazu animiert, mit einer Süßigkeit eine verdiente Pause einzulegen, oder wie bei Philips mit einer Gesundheits-App dazu beiträgt, dass Menschen gesünder leben und sich teure und zeitraubende Arztuntersuchungen ersparen können. Dann stiften sie mit ihrer Führungsaufgabe Sinn.

Sinnstiftend kann aber auch die Art und Weise sein, wie wir beim Arbeiten miteinander umgehen. Das demonstriert beispielsweise der Erfolg von bundesweit stattfindenden Barcamps, von denen sich in erster Linie digital arbeitende Menschen angezogen fühlen, weil sie sich hier auf Augenhöhe begegnen, um sich unabhängig von Alter, Abteilungszugehörigkeit und Hierarchien zu Fachfragen austauschen können. Das Format eines Barcamps wird heute in vielen Unternehmen ausprobiert, weil engagierte Chefs, Mitarbeiter und HR-Abteilungen hoffen, mit dem Erlebbarmachen von Engagement und Sinnhaftigkeit das Korsett von Unternehmensstrukturen punktuell aufzulockern.

Mit klarer Kommunikation Konflikte vermeiden

In so einer Arbeitsumgebung kann man Sinn stiften, im Team aufeinander bauen und fair miteinander umgehen. Genau diese Eigenschaften sind es, die ein Digital Leader in Zeiten von Internet und Social Media vorleben muss, um über seine Funktion hinaus respektiert zu werden. Hier wird aus dem Vorarbeiter, Besserwisser und Tonangeber von gestern ein Vorbild und Influencer von heute – ein Mensch, dem andere gerne folgen. Sie schätzen die Informationen, die er teilt, und die Haltung, die er in seinen Kommentaren zeigt. Da durch soziale Medien ohnehin vieles transparent gemacht wird und sich das Positive wie das Negative wie von einem Brennglas verstärkt auf die Wahrnehmungen von Menschen auswirken, sollte ein Digital Leader sozial kompetent und authentisch kommunizieren. Insbesondere im öffentlichen Raum sollte die Kommunikation mit vielen ganz unterschiedlichen Menschen, die man oft gar nicht kennt und deshalb nicht gut einschätzen kann, mittels Sinnhaftigkeit gesteuert werden.

Es geht darum, die eigene Haltung klar zu kommunizieren und im Austausch mit anderen neue Erkenntnisse zu gewinnen. Denn in einer öffentlich geführten virtuellen Kommunikation lassen sich Missverständnisse und Konflikte nicht mehr unter den Tisch kehren. Sie sind für jedermann sichtbar und wollen gelöst werden. Also sollte ein Digital Leader das »Management of Tensions« beherrschen, also die Fähigkeit, mit Spannungen zu leben, diese auszuhalten und idealerweise mittels vielfältiger und geduldiger Kommunikation aufzulösen. Zum persönlichen Reputationsmanagement gehört aber auch, dass ein Digital Leader seine Stärken und Schwächen kennt. Denn in einer offenen Gesellschaft wird er auch mit seinen eigenen Schwächen konfrontiert. Zu lernen, berechtigte Kritik auszuhalten und sich mit ihr auseinanderzusetzen, ist souverän und wird als Stärke bewertet werden.

Von der Zukunft her denken

Deshalb lohnt es sich in unseren Augen für jeden, sich über die Digitalisierung und ihre Auswirkungen auf unser menschliches (Zusammen-)Leben Gedanken zu machen, die Perspektive zu wechseln und von der Zukunft her zu denken, wie wir leben wollen. Aus diesem Grund sehen wir die Fähigkeit zu Selbstführung als entscheidende Voraussetzung an, um Menschen zu führen und Prozesse zu gestalten. Beim Thema »Digital Leadership« im weiteren Sinne führt kein Weg an philosophischen Fragestellungen zu Sinn, Erfolg, Gemeinschaft und Glück vorbei.

Mit Herz und Verstand

Es passt ins Bild, dass viele der erfolgreichen Leader heute wieder mit »Herz und Verstand« führen, wie es Anita Freitag-Meyer, Chefin der Verdener Keks- und Waffelfabrik, mit einfachen Worten formuliert. Einiges an Lebenserfahrung war notwendig, bis sie für sich erkannte, dass gute Führung die wichtigste Aufgabe ist, die ein Unternehmenslenker wahrzunehmen hat. Einige der erfolgreichsten Unternehmenslenker Europas wie Springer-Chef Matthias Döpfner haben Musikwissenschaften oder wie Lego-Chef Jørgen Vig Knudstorp Philosophie studiert. Sie haben im Studium gelernt, sich mit den soziokulturellen Aspekten des Lebens auseinanderzusetzen, die die Digitalisierung mit sich bringt, und diese in die Unternehmensführung einzubringen. Sie haben mit sinnstiftenden Maßnahmen und Visionen die Wirtschaftlichkeit ihrer Konzerne optimiert und trachten danach, ihren Mitarbeitern als Unternehmenslenker ein Vorbild zu sein.

Ein besonderes Vorbild ist Thomas Jorberg, weil er in einer Branche, deren Sinn nur die Geldvermehrung zu sein scheint, mit der GLS Bank ein sinnstiftendes Gegenstück geschaffen hat.

»Jeder, der hier arbeitet, stiftet Sinn«
(Thomas Jorberg)

Interview mit Thomas Jorberg, Vorstandssprecher der GLS Bank

Thomas Jorberg hat die GLS Bank zu dem gemacht, was sie heute ist: eine Bank, die der Philosophie folgt, dass das Geld für den Menschen da ist. Für Menschen, die ihr Erspartes oder Vermögen in nachhaltige Produkte investieren wollen. Bei der GLS Bank, einer der größeren Genossenschaftsbanken in Deutschland, gibt es keine Provisionen für den Verkauf von Bankprodukten und einen Vertrauenskreis statt eines Betriebsrats. Hier geht es um das Miteinander.

Als Thomas Jorberg bewusst wurde, dass die Digitalisierung nicht zu stoppen war, und disruptive Start-ups anfingen, den Finanzmarkt mit neuen Technologien aufzumischen, stieß er entschlossen den digitalen Wandel in dem Finanzinstitut an. Der Spirit von agiler Zusammenarbeit auf Augenhöhe an sinnstiftenden Innovationen habe die ganze Belegschaft angesteckt, heißt es in der Bank. Eine erste Ausgründung aus diesem Ideenpool könnte eine Crowdfunding-Plattform für nachhaltige und werteorientierte Projekte sein.

Thomas Jorberg war der erste Auszubildende und später enger Vertrauter des Gründers Wilhelm Ernst Barkhoff, der geistige Architekt der GLS Bank.

Das Gebäude hinter dem Bahnhof in der Christstraße in Bochum, das die Bank von thyssenkrupp übernommen hat, wurde – nicht nur zur Freude der Anwohner – außen karminrot angestrichen und innen komplett umgebaut. Gleich neben dem Treppenhaus rauscht ein tropisch anmutender Wasserfall über vier Etagen. Überall warme Farben, helle Räu-

me und offene Türen. Grüne Entspannungsecken im Innenhof und eine kleine Handbibliothek laden zum Verweilen ein.

Das Büro des Vorstandssprechers Jorberg ist großzügig, aber kein Corner-Office und nicht so statusorientiert, wie es bei anderen Bankvorständen üblich ist. Weder im obersten Stockwerk noch über einen separaten Fahrstuhl zu erreichen, sondern mittendrin.

Herr Jorberg, was tun Sie als Bankenchef im Spannungsfeld von Bankenpleiten, Bad Banks und Bitcoins, um die digitale Transformation zu bewerkstelligen?

Es ist offensichtlich, dass konventionelles Bankgeschäft gesellschaftlich immer weniger akzeptiert wird. Bei den anhaltend niedrigen Zinsen funktioniert das Zinsdifferenzgeschäft, also das übliche Geschäftsmodell eines Geldinstituts, sich günstig Geld zu leihen und dieses für einen höheren Zinssatz weiterzugeben, nicht mehr. Vor dem Hintergrund von Banken-Crashes und unseriösen Investmentbanking-Praktiken wird die Bankenregulierung immer anspruchsvoller. Und die Digitalisierung macht auch vor der Finanzbranche nicht halt. Das hört sich alles sehr bedrohlich an. Doch Geld und Menschen müssen nicht im Widerspruch zueinander stehen. Der Umgang mit Geld ist nicht per se verwerflich. Unser Gründer hat ja eigentlich nur eine Waldorfschule finanzieren wollen und für die Finanzierung nachhaltiger Projekte 1961 eine gemeinnützige Treuhandstelle gegründet. Es kommt eben immer darauf an, wie man das Geschäft mit dem Geld gestaltet. Sinnvoll ist Banking dann, wenn es die menschlichen Bedürfnisse ganzheitlich abdeckt. Nur das ist aus meiner Sicht wirtschaftliches Handeln. Unsere Frage bei der GLS Bank lautet deshalb: Wie kann ich dienen?

Das klingt ganz nach dem Servant-Leadership-Ansatz, der bei Digital Leadership eine große Rolle spielt ...

Jeder, der hier arbeitet, hat sich vorgenommen, Sinn zu stiften. Der Kunde kommt ja mit der Erwartung, menschlich behandelt zu werden. Und zu uns kommt er wegen unserer Haltung. Bei uns bekommt jeder Kunde eine Geldanlage, die seinen geistigen, sozialen, ökologischen, materiellen und emotionalen Bedürfnissen entspricht.

Wie übersetzt sich das Streben nach Sinnhaftigkeit in unternehmerisches Handeln?

Wir sind die Bank für Menschen, die ihre Zukunft in die Hand nehmen wollen. Die es aushalten, dass Probleme nicht von heute auf morgen gelöst werden. Wir haben beispielsweise Pionierprojekte der Energiewende finanziert. Die Energiepolitik der letzten Jahre kann nicht rückgängig gemacht werden, auch wenn wir gerade eine Verlangsamung in der Umsetzung beobachten. Zeitgemäße Energievorhaben müssten eigentlich technologisch auf die nächste Stufe gebracht werden. Beim Stromnetz haben wir beispielsweise nur ein Stupid Grid, also ein nicht intelligentes Netz, das mit großen Trassen ausgebaut werden soll, um den Strom riesiger Windkraftanlagen aus dem Norden in den Süden zu leiten. Intelligenter wäre es, Smart Grids, also kluge Netze zu entwickeln, die vielfältige Energieanlagen über hochintelligente digitale Steuerungstechniken miteinander vernetzen.

Was hat hochintelligente digitale Vernetzung denn mit dem Bankgeschäft zu tun?

Das Prinzip der Hypervernetzung kann man auch auf das Bankgeschäft übertragen. Die Konkurrenz um Zinsen und Gebühren wird für Finanzinstitute und Kunden gleichermaßen uninteressant. In Zukunft wird es nicht mehr einzelne Institute geben, sondern eher unterschiedliche Banking Communitys. Weil diese Communitys auf gemeinsamen Werten basieren werden, entstehen Netzwerke, die über ihre Werte im Wettbewerb zueinander stehen. Damit werden die gesellschaftliche Bedeutung und Wirksamkeit von Werten in meinen Augen deutlich zunehmen. Menschen, die mit ihrem Bankgeschäft beispielsweise nur ihr schlechtes Gewissen beruhigen wollen, werden zu einer anderen Community wechseln.

Als Genossenschaftsbank leben Sie bereits die Idee von einer Community. Wie wollen Sie die GLS-Gemeinschaft zukünftig weiter ausbauen?

Unsere Angebote gehen heute schon weit über klassische Bankdienstleistungen hinaus. Wir ermöglichen beispielsweise Beteiligungen, die das Eigenkapital von zukunftsweisenden Unternehmen stärken. Wir ermöglichen regenerative Energieprojekte. Und eine Vielzahl unserer Kunden unterstützt mit Spenden oder Schenkungen soziale und ökologische Initiativen. Schon vor dem Zeitalter digitaler Crowdfunding-Plattformen haben unsere Kunden gemeinsam eine Schule finanziert oder einen ökologischen Hof. An diese Initiativen wollen wir mit mehreren Projekten in unserer Zukunftswerkstatt anknüpfen. So arbeiten wir parallel zu unserem Kerngeschäft an der Transformation der GLS Bank hin zu einem vielseitigen System für einen bewussten, sinnvollen Umgang mit Geld.

Viele Unternehmenslenker schauen sorgenvoll in die Zukunft und verharren in ängstlicher Untätigkeit. Machen Ihnen die Herausforderungen der digitalen Transformation keine Angst?

Davor habe ich keine Angst. Der Gründer der GLS Bank, Wilhelm Ernst Barkhoff, hat mir auf meinem beruflichen Weg mitgegeben: »Die Angst vor einer Zukunft, die wir fürchten, kann man nur überwinden mit einem Bild von einer Zukunft, die wir wollen.«

Das war einer seiner Leitsätze. Als mir klar geworden ist, dass diese »disruptive digitale Entwicklung« uns hautnah betrifft, dass sie bestehende Strukturen und Arbeitsweisen zerstören wird, wurde deutlich, dass wir etwas ändern müssen. Wir haben eine Weile gebraucht, um dafür ein Zukunftsbild zu entwickeln. Wir fragten uns: Wie kann das Neue sein? Im Streben nach der höchsten Rendite haben viele Banken gar nicht bemerkt, dass sie die Legalität verlassen haben. Das hat eine verstärkte Regulierung auf den Plan gerufen. Sie sorgt dafür, dass jeder Prozess praktisch vordefiniert ist. Die zunehmende Regulierung und die technischen Möglichkeiten der Digitalisierung gehen in unserer Branche Hand in Hand. Die EZB verfügt bereits über Algorithmen, die alle gemeldeten Bankdaten auswerten. Damit überwachen sie nicht nur die Banken und ihre Prozesse, sie steuern sie auch. Die Voraussetzung für diese Art von steuernder Regulierung ist, dass Bankenabläufe wie die Kreditvergabe, der Zahlungsverkehr oder finanzielle Beteiligungen komplett digitalisiert sein müssen. Daran arbeiten auch wir in Zusammenarbeit mit verschiedenen Start-ups. Auf diesem Wege werden alle Bankensysteme immer mehr angeglichen. Und weil es immer mehr Player in der Finanzbranche gibt, werden wir auch in Zukunft mit der Niedrigzinsmarge leben müssen. Ich erwarte sogar, dass sie sich halbieren wird. Das werden nicht alle überleben. Eine Ein-Produkt-Bank beispielsweise kann sich mit ihren schlanken Prozessen auf eine niedrige Marge einstellen. Doch für eine sinnstiftende Bank wie die GLS Bank sind Regulierung, Digitalisierung und die fallende Zinsmarge eine echte Herausforderung.

Wie sieht Ihr Zukunftsbild aus?

Die GLS Bank wird zu einer Entwicklungsgenossenschaft für Menschen, Unternehmen und Einrichtungen, die unsere Gesellschaft positiv und menschlich gestalten wollen und dafür ihr Geld einsetzen. Das geht sowohl mit Bankeinlagen und Krediten, zunehmend aber auch mit direkten Beteiligungen sowie Stiftungen und Schenkungen. Es gilt, diese Instrumente weiterzuentwickeln und digitale Möglichkeiten für einen menschlichen Umgang mit Geld zu nutzen. Zunächst werden wir in drei Schritten auf dieses Bild zugehen.

1. *Effizienz:* Wir planen eine Effizienzsteigerung von 25 Prozent in zwei Jahren und werden diese Ende 2017 erreicht haben. Unsere Prozesse müssen einfacher und schneller werden. Solch einen Schritt muss heute jede Bank tun.

2. *Transparenz:* Jedermann in unserer Community muss sehen können, wie wir arbeiten und wofür wir Geld ausgeben. Wir leisten eine sinnstiftende Beratung, bringen uns in unterschiedlichste Netzwerke ein und leben aktive politische Teilhabe. Alles das lässt sich auf herkömmlichem Wege nicht mehr querfinanzieren. Warum das so ist, müssen wir unseren Kunden und Mitgliedern verständlich machen.

3. *Geschäftsmodell:* Die sich halbierenden Zinsmargen soll ein Grundbeitrag ausgleichen. Diesen »GLS-Beitrag« haben wir als erste Bank überhaupt in Deutschland zum 1. Januar 2017 eingeführt. Wir brauchen neue Formen des Bankings, damit das Geld immer dahin gehen kann, wo es gebraucht wird. Das umfasst weit mehr als das alte Bankgeschäft. Wir denken an Beteiligungskapital, Risikokapital und Zwischenformen der Finanzierung für Unternehmen, die Lösungen für ein sinnhaftes Leben in der sich verändernden Welt anbieten. Auch hier baue ich auf die Projekte unserer Zukunftswerkstatt wie beispielsweise eine Kundenplattform, die das Netzwerken unserer Kunden und Mitglieder miteinander ermöglicht – auch weit über unsere Bankprodukte hinaus. Eine Crowdinvesting-Plattform haben wir inzwischen sehr erfolgreich eingeführt. Und zum Thema Zahlungsverkehr sind wir Fintech-Beteiligungen eingegangen.

Gibt es in der Belegschaft Widerstand gegen das Neue?

Es gibt kaum ein innovationsfeindlicheres Umfeld als eine Bank. Überall herrscht eine hohe Abwehrbereitschaft gegen Veränderungen. Bewahrende Kräfte sind gut. Aber es geht ja auch darum, wie wir in Zukunft arbeiten wollen. Die GLS-Bank hat sich schon immer verändert. Wir sind sozusagen alle drei Jahre eine neue Bank aufgrund des großen Wachstums. Viele unserer neueren Mitarbeiter sind ihrem Veränderungsbedürfnis gefolgt und zu uns gekommen. Sie möchten nicht nur möglichst viel Geld verdienen, sondern den Sinn ihrer Tätigkeit jeden Tag neu erleben. Change durch Impulse von außen war immer unsere Chance.

Heute stellen wir nicht mehr so viele Mitarbeitende ein. Also müssen wir von innen heraus die Kraft zur Veränderung aufbringen. Dafür muss jetzt jeder selbst die Verantwortung übernehmen.

Welche Rolle spielen Sie in Ihrer Funktion als oberste Führungskraft in diesem Prozess der Veränderung? Wie wollen Sie als Leader sein?

Wichtig ist mir eine gewisse konstruktive Unzufriedenheit. Das ist eine wichtige Voraussetzung für Entwicklung. Das heißt aber nicht, dass ich mit der Vergangenheit unzufrieden bin. Ich will mich nur nicht auf dem Erreichten ausruhen. Zudem müssen wir ständig schauen, was sich in der Gesellschaft verändert und wie sich die Kundenbedürfnisse entwickeln. Dafür denken wir in gesellschaftlichen Zusammenhängen.

Ich führe viele Gespräche mit Kunden, Mitgliedern und Mitarbeitern, sei es bei Besuchen in den Filialen, auf Veranstaltungen oder unserer Generalversammlung. Das ist manchmal wie eine Lernreise. Auch Offenheit und Vertrauen in die Mitarbeiter sind notwendig. Unsere Zukunftswerkstatt hat im vergangenen Jahr nur ganz wenige Vorgaben erhalten. Wer Dinge nachhaltig gestalten

will, darf nicht nur auf vergangene Erfahrungen zurückgreifen –
er muss auch die Fähigkeit entwickeln, zukünftige Entwicklungen
und das eigene Potenzial einzubeziehen.

Erfolgsfaktoren: Dreiklang aus Mensch, Ort und Technologie

Welches Wort Ines Gensinger stört, wie die Aspekte des Digital Leadership Styles (Feld 3) sichtbar werden und warum bei Microsoft die Kakofonie beendet wurde.

Eine Bezeichnung für eine Führungskraft hat mich schon immer abgeschreckt: der Vorgesetzte. Nicht nur, dass darin »Sitzen« steckt, es klingt immer so, als sei dieser Vorgesetzte irgendwie im Weg, als behindere er einen, er sitzt ja *vor* einem. Ein Vorgesetzter steht im Wortsinn eben nicht für Beweglichkeit. Er ist das Gegenteil eines Leaders. Ein Leader *geht* voran, bewegt sich auch zu seinen Mitarbeitern. Der Vorgesetzte wartet, bis die Mitarbeiter zu ihm kommen. Er sitzt ja. Der Leader ist unterwegs, und er ist offen. Deshalb habe ich mir vorgenommen, möglichst nie ein Vorgesetzter zu werden.

Bei Microsoft erleben wir die Beweglichkeit auch im wortwörtlichen Sinn. In der neuen Deutschlandzentrale haben auch wir Führungskräfte keinen festen Schreibtisch mehr. Wir haben auch keinen Trolley, keine Zimmerpflanze. Wir bewegen uns mit dem Laptop, dem Handy und einem Headset durch das Gebäude in Schwabing, genauer gesagt: damit bewegen wir uns überall, ganz gleich ob am Flughafen, im Café oder zu Hause im Homeoffice.

Theoretisch kann jeder Ort ein Platz zum Arbeiten sein. Und wenn ich in der Zentrale morgens an einem Tisch Platz nehme, später in ein Meeting gehe und zurückkomme, kann mein Platz besetzt sein. Führung zeigt sich nicht in Insignien und Ritualen. Wir haben keinen Chefparkplatz. Parkplätze werden nach Eintreffen vergeben, nicht nach Bezeichnung auf der Visitenkarte.

Das verringert die Distanz zu Mitarbeitern. Der Vorgesetzte verschanzt sich im Büro, der Leader aber begegnet seinem Team auf Augenhöhe. Wobei Nähe nicht eine physische Nähe sein muss. Nähe entsteht vor allem durch Kommunikation. Über Mails, Nachrichten, Telefonate, natürlich auch durch viele Gespräche mit Mitarbeitern. So organisieren wir Arbeit. Als Führungskraft bringe ich ihnen das Vertrauen entgegen, gehe davon aus, dass sie ihre Aufgaben erledigen. Und sie vertrauen, dass ich sie nicht aus den Augen verliere und mir ihre Bedürfnisse wichtig sind.

Klar, wir sind da in einer sehr komfortablen Situation. Bei Microsoft orientieren wir uns schon länger an New-Work-Ideen. Viele Bewerber kommen auch deshalb zu uns, weil wir flexible Arbeit ermöglichen, weil wir den engen Rahmen der 9-to-5-Leistungsablieferung geöffnet haben, weil wir glauben, dass unsere Mitarbeiter durchaus in der Lage sind, zu entscheiden, wann welche Aufgabe erledigt werden muss. Wir behandeln sie wie erwachsene Menschen. Klar, uns ist bewusst, dass die unternehmerische Verantwortung – bei allen Freiheiten – immer beim Unternehmen liegt. Microsoft steht gerade für den wirtschaftlichen Erfolg. Oder Misserfolg. Darum besteht heute die Kunst darin, erst einmal allen Mitarbeitern zu vertrauen und ihnen Freiheit einzuräumen. Es muss eine Führung geben, die nicht kontrolliert und gängelt, sondern Eigenverantwortung und Freiheit überträgt. Zu dieser Freiheit gehört, zu gehen, wann man genug getan hat.

»Wenn ich gehe, sind danach alle weg«

Das ist aber nur ein Teil. Ich habe schon mit einem Mittelständler gesprochen, der hat mir gesagt: »Ja, das funktioniert vielleicht bei Microsoft mit den flexiblen Arbeitszeiten; wenn ich woanders früher gehe, gehen danach alle anderen auch sofort nach Hause.« Es reicht eben nicht nur, Freiheit zu ermöglichen.

Es braucht auch eine gewisse innere Stabilität und so etwas wie Autorität – ohne demonstrativ autoritär aufzutreten. Ich gebe zuerst immer einen Vertrauensvorschuss, ich gehe davon aus, dass sich die Kollegen an Vereinbarungen halten. Das motiviert vor allem auch bei Fragen wie »Traut er sich, das oder das zu tun? Vertraut er mir? Kann sie die Aufgabe stemmen, wenn ich nicht dabei bin?«. Vertrauen ist Reduktion sozialer Komplexität, hat der berühmte Soziologe Niklas Luhmann einst gesagt. Das heißt, Vertrauen ist die Basis. Diese ist aber auch nötig, um einiges auszuhalten. Der eigene Leadership-Style zeigt sich darin, wie stark das Vertrauen in die Mitarbeiter ist.

Wir haben bei Microsoft festgestellt: Entscheidend ist das Feedback. Wir führen bei uns im Unternehmen regelmäßig Mitarbeiterbefragungen durch. Da wird Punkt für Punkt unsere Arbeit als Führungskraft bewertet, was gut, was verbesserungswürdig ist. Das sind ehrliche, offene Rückmeldungen. Und sie sind enorm wichtig. Jeder hat einen blinden Fleck. Und durch diese Befragung wird genau dieser blinde Fleck zum Thema. Auch das gehört zur Offenheit.

Es gibt noch einen Vorteil unserer neuen Zentrale in Schwabing, der nicht zu unterschätzen ist. Wir sind 2016 in das Office mit Windows umgezogen. In einer neuen Umgebung lassen sich neue Organisations- und Führungsstrukturen leichter und besser umsetzen, als wenn in der gewohnten Umgebung der Chef auf einmal neben einem sitzt. Selbst dann, wenn der Chef dann kein Vorgesetzter mehr ist, sondern ein Digital Leader. Neue Räumlichkeiten allein sind jedoch nicht ausreichend. Es ist ein Dreiklang aus Mensch, Ort und Technologie. Wer diese drei Aspekte klug verzahnt – der hat Digital Leadership Style.

Content-Studio statt Pressestelle

Ob man über Digital Leadership Style verfügt, zeigt sich auch in der Fähigkeit, sein Team zum Erfolg zu führen – gerade wenn eine ganze Abteilung transformiert wird. Das haben wir bei Microsoft unter meiner Leitung mit der »Kommunikation« gemacht. Es ging uns darum, aus einer »Pressestelle«, die sehr gut funktioniert hat, im Hinblick auf die Digitalisierung das Konzept eines »Content-Studios« zu entwickeln, auch um die Vielzahl an Kommunikationskanälen zu bündeln.

Denn bei uns »explodierten« die Inhalte, wir waren zwar mit hohem Tempo in das digitale Zeitalter eingestiegen, aber die Vielzahl an Kanälen hatte zu einer kaum zu sortierenden Kakofonie geführt. Marketing, Sales und PR – alle redeten und sendeten, über Xing, Twitter oder Blogs. Zwischenzeitlich hatten wir bei Microsoft 130 Social-Media-Kanäle. Also mussten wir die Kommunikation konsolidieren und definierten zunächst ein neues Content-Modell, das sich stark von bisheriger Redaktions- oder Pressearbeit unterschied. In der Transformation folgten wir einerseits den Maximen der digitalen Kommunikation. Also dass Inhalte immer mehr über Netzwerke geteilt werden statt über Webseiten oder klassische Medienprodukte.

Andererseits waren eben auch wir gezwungen, digitaler zu denken. Nicht überraschend für einen Technologiekonzern, aber für uns auch ein wichtiger Schritt. Dass wir uns, jeder Einzelne, als Content-Manager begreifen und nicht nur als Sprachrohr. Und dass wir uns für eine 360-Grad-Kommunikation eben auch von alten Kontrollmechanismen verabschieden, und dass ich als Führungskraft meinen Mitarbeitern vertraue – immer. Denn sie wissen, was sie tun.

Wir sind ein Hub

Wir haben gemeinsam fünf wichtige Content-Felder definiert, haben ein Modell für die Content-Creation und eine Content-Strategie entwickelt. Aber das Wichtigste dabei: Wir begreifen uns heute als ein Informationshub. Wir sind ein digitaler Knotenpunkt in einem weitverzweigten Netzwerk. Wir – und vor allem ich als Führungskraft – sind nicht mehr die »Zentrale« des Wissens, sondern teilen Wissen, ziehen Wissen und Kompetenzen aus vielen Quellen. Ein Hub zu »führen« ist weniger »anleiten« und »delegieren« – ein Hub zu führen, heißt, ein Klima des Vertrauens zu schaffen.

Was hat sich bei Leadership generell geändert?

Bisher bedeutete Führung, Unternehmen oder Teams effizient zu verwalten, feste Regeln für reibungslose Prozesse aufzustellen. Häufig hieß Führung aber auch, Ergebnisse schönzureden und eigene Vorteile abzusichern. Von Veränderungen und Aufbruch wagen wird zwar in den oberen Etagen oft gesprochen, konkrete Maßnahmen folgen dann nicht immer. Im harten Konkurrenzkampf um die nächste Beförderung lernen Führungskräfte bis heute, alles zu vermeiden, was Irritationen oder Unsicherheiten auslösen könnte. In hierarchischen Organisationen funktioniert diese »Cover My Ass«-Strategie (dt. auf Nummer sicher gehen) besser als vorbildliche Teamführung oder das Prinzip von »Trail and Error« (dt. Versuch und Irrtum). Schließlich ermöglicht ein autoritärer Stil eine straffere, effektivere Führung als eine Zusammenarbeit auf Augenhöhe, die Zeit und Engagement kostet.

Es gibt eine Studie der Talent- und Karriereberatung Rundstedt, bei der 1035 Studienteilnehmer berichten, was sie als Chef konkret anders machen würden. Das Ergebnis ist überraschend: Weder eine Gehaltserhöhung noch eine Beförderung standen im Vordergrund. Die Mehrheit der Mitarbeiter wünscht sich eine grundlegende Verbesserung der täglichen Zusammenarbeit. Sie verstehen nicht, warum man ihnen so wenig zutraut. Denn in einer Struktur, in der der »Faktor Mensch« lediglich optimal funktionieren muss, haben Vorgesetzte für Gespräche, für Konflikte und deren Lösungen keine Zeit. Dieses Modell hat ausgedient.

»Teilhaben ist die neue Wertschöpfung«

Um die digitale Revolution zu überleben, benötigen Unternehmen entsprechend qualifiziertes Führungspersonal: mutige, inspirierende Leader. Spezialisten für Veränderung. Menschen, die an sich selbst glauben, die tatkräftig sind, sozial kompetent und kommunikativ. Die sich einbringen. Die mitreden. Und die mitreden und ausprobieren dürfen. Weil sie als gleichberechtigte Partner behandelt werden.

Diese Demokratisierung von Führung fordern Managementberater und Leadership-Forscher schon lange. Thomas Sattelberger, der als Vorstand bei Daimler, Lufthansa, Continental und der Telekom die oftmals selbstherrliche Führungskultur der Deutschland AG mit ihren Eckbüros, Chauffeuren und taktischen Scharmützeln gegen Vorstandskollegen erleben durfte und der jetzt in die Politik gewechselt ist, kritisiert seit Jahren, dass unsere Konzerne und unsere Gesellschaft hermetisch abgeschlossene Systeme seien, in denen Durchlässigkeit von unten nach oben kaum vorhanden ist. Sattelbergers Fazit: Wer dem Chef nicht ähnlich ist, kommt nicht nach oben.

Wie es funktionieren könnte, sagt Sattelberger auch: »Teilhaben ist die neue Wertschöpfung.« Eine Forderung, die Digital Natives ohnehin in Unternehmen tragen. Teilhabe wird in Organisation aber nur dann gelebt, so Sattelberger, wenn Führungskräfte diese auch aktiv fördern. In langen Meetings, die nach gewohnten Ritualen ablaufen, in denen nicht jeder über dasselbe Rederecht verfügt, ist Teilhabe schwierig. In sogenannten Stand-ups, also kurzen Besprechungen im Stehen, kann vieles schneller geklärt werden – und zwar gemeinsam.

Sei ein Hub!

Um die digitale Transformation eines Unternehmens voranzutreiben, benötigt man neben einer Digital-Strategie also auch eine zeitgemäße Leadership-Strategie. Besonders in Zeiten mit hohen Veränderungsdynamiken folgen Menschen anderen Menschen nur dann, wenn diese mutig sind, andere zum Mitmachen inspirieren können und – durch das Netzwerk getragen – etwas bewirken. Erst diese Vernetzung macht es ihnen möglich, erfolgreich zu agieren und die für die Transformation notwendigen Maßnahmen einzuleiten.

Innerhalb einer Vernetzung funktioniert jeder Mensch wie ein Knotenpunkt. Er nimmt Informationen auf und gibt Informationen weiter. Das war schon am berühmten Lagerfeuer der Höhlenmenschen so. Das ist bei herkömmlichen Konferenzen so. Und auch bei allen, die über Facebook, Twitter oder Xing verknüpft sind. Im Zeitalter der Digitalisierung heißen Knotenpunkte »Hub«. Der Begriff »Hub« kommt ursprünglich aus der Telekommunikation und beschreibt Geräte, die sternförmig und damit gleichberechtigt in einem Rechnernetz miteinander verbunden sind. Die Annahme von der gleichberechtigen Vernetzung ist eine Grundvoraussetzung für jedes System. Doch gibt es innerhalb jeder Vernetzung Knoten, die besser funktionieren als andere. Sie leiten besser, sie kommunizieren geschickter. Auf den Leadership-Kontext übertragen bedeutet das, dass Führungskräfte heute nur dann Gehör finden und erfolgreich sind, wenn sie mit ganz unterschiedlichen Menschen in Kontakt stehen, wenn sie zuhören, offen informieren, sich mit anderen verknüpfen und auf deren Aktivitäten reagieren. Damit ist ein Digital Leader nicht nur ein mutiger Held, sondern auch ein gut verdrahteter Hub.

Ein wahrer Held löst Probleme im Team

Soziologen wie der Managementprofessor Dirk Baecker von der Universität Witten/Herdecke prognostizieren, dass nach dem »heroischen« Zeitalter der mächtigen Führungspersönlichkeiten das »postheroische« Zeitalter folgt. Das größte Ansehen bekommen nicht mehr diejenigen Chefs, die als Leader im viel zitierten Eckbüro in der obersten Etage sitzen, von der Welt abgeschirmt durch ihre Sekretärinnen und unsichtbar für alle Mitarbeiter, weil sie im Vorstandskasino speisen, im Sitzungsraum des Vorstands tagen und mit dem Vorstandfahrstuhl zum Stellplatz ihres Dienstwagens in der Tiefgarage gleiten.

Im postheroischen Zeitalter ist derjenige erfolgreich, der sich über alle Hierarchieebenen hinaus mit all den Menschen vernetzt, die etwas bewegen und das Unternehmen voranbringen können. Angespornt von der Einsicht, dass man nicht alle Probleme alleine lösen kann, und von der Bereitschaft, alle Herausforderungen gemeinsam mit Kollegen, Mitarbeitern, Kunden, Dienstleistern und anderen Verbündeten anzugehen.

Für den Managementberater Willms Buhse ist ein Digital Leader die Brücke von der klassischen Hierarchie zur Netzwerkorganisation. Ein Digital Leader kennt das Alte und ist offen für das Neue. Er stellt Bewährtes auf den Prüfstand und gleicht es mit allem ab, was ihn umgibt – mit den neuen technischen Entwicklungen, den Impulsen aus seinem Netzwerk und mit dem, was Markt und Mitarbeiter von ihm erwarten. Ein Digital Leader ist vernetzt, kommuniziert auf Augenhöhe und übernimmt den Lead, wenn es gefährlich wird und Orientierungslosigkeit droht.

In ihrem Fachbuch *Digitale Führungsintelligenz: »Adapt to win«* beschreibt Leila Summa diese Aufgabe so: »Die kontinuierliche Veränderung durch die Digitalisierung erfordert eine neue Art von Anpassungsfähigkeit. Der neue Begriff ›digitale Führungsintelligenz‹ setzt den Fokus dort, wo in einer permanenten Übergangsphase der größte Handlungsbedarf liegt: in der Führung und in der Fähigkeit, den digitalen Wandel im Unternehmen zum eigenen Vorteil zu nutzen.«

Wie das mit dem eigenen Vorteil funktionieren kann, erklärt Peter Vullinghs, Vorsitzender der Geschäftsführung der Philips GmbH, in nachfolgendem Interview. Er spricht über neue Arbeitsformen, warum er kein Basecap trägt und worum es geht, wenn er von Gesundheit träumt.

»Strategie funktioniert nur, wenn ich daran glaube«

(Peter Vullinghs)

Interview mit Peter Vullinghs, Vorsitzender der Geschäftsführung der Philips GmbH und Chairman Philips Market Leader DACH

Peter Vullinghs ist ein bekennender Finanzmensch. Nach dem Studium des Wirtschaftsfinanzmanagements in Tilburg, Madrid und Amsterdam absolvierte er ein Traineeship bei Philips in Groningen und Eindhoven und ist dem Unternehmen seitdem treu geblieben. Er liebt das Wachstum und die Freiheit, die der Philips-Mutterkonzern ihm gibt, sich genau dafür einzusetzen. Seit März 2015 ist der Holländer CEO von Philips DACH. Vor seiner aktuellen Station in Hamburg hat er als CEO von Philips den gesamten Markt in Russland geleitet und dort für starkes Wachstum gesorgt. Vullinghs fordert viel, ist aber ein fairer Chef. Er weiß, dass Veränderungsprozesse nur funktionieren, wenn Menschen sie auch wirklich wollen. Deshalb bleibt er nah an seinen Teams, schwört sie auf die Chancen einer digitalisierten Zukunft ein und weiß sie mit seiner Passion für Wachstum und Erfolg mitzureißen. Er engagiert sich für seine Vision, Philips Deutschland zu einem bedeutenden IT-Health-Anbieter aufzubauen. Das Traditionsunternehmen, das seit 1946 in Hamburg ansässig ist, ist Ende 2015 in die Röntgenstraße umgezogen. Dort hat das Unternehmen neben Werkshallen, in denen medizintechnische Produkte in »Made in Germany«-Qualität hergestellt werden, ein fünfstöckiges Bürohaus errichten lassen. Auf diese Weise können alle 2500 Hamburger Philips-Mitarbeiter auf dem Philips-Campus arbeiten. Allerdings: Kaum jemand ist da. »Es ist Freitagnachmittag. Da arbeiten die meisten Kolle-

gen von zu Hause aus. Wir haben die Vertrauensarbeitszeit eingeführt«,
sagt ein Philips-Sprecher. Doch Peter Vullinghs ist noch da und hat Zeit
für dieses Gespräch.

Herr Vullinghs, danke für Ihre Zeit. Wollen wir deutsch oder englisch sprechen?

Deutsch ist gut. Ich habe zwar 25 Jahre lang kein Deutsch gesprochen, aber mich schnell wieder in die Sprache eingefunden. Wer das Wort »Datenschutz« kennt, ist in Deutschland angekommen.

Sprechen wir über den digitalen Wandel bei Philips: Wie motivieren Sie Ihre Mitarbeiter für die Digitalisierung, für die Konzepte des New Work, wenn der Fokus vieler Umgestaltungen oft auf Sparmaßnahmen liegt?

Sparmaßnahme hört sich so negativ an. Klar reduziert es Kosten, wenn die Mitarbeiter zum Arbeiten nicht mehr an ihrem persönlichen Schreibtisch mit Rollwagen und Festnetztelefon sitzen, sondern von da aus arbeiten können, wo es ihnen am sinnvollsten erscheint. Wir sparen übrigens auch Strom, weil wir in das Lichtkonzept moderne LED-Lampen integriert haben. Doch nicht alles, was günstiger ist, ist automatisch schlechter. In diesem Gebäude haben wir für digital arbeitende Menschen Flächen geschaffen, die der modernen Arbeitsorganisation entsprechen. Zum Umzug hat jeder Büroangestellte einen Firmen-Laptop und ein Firmen-Smartphone mit persönlicher Telefonnummer bekommen. Damit kann er oder sie da arbeiten, wo es zur jeweiligen Aufgabe passt. Wenn jemand in einer Videokonferenz sitzt oder ein Call, also ein Diensttelefonat, führen will, geht er in einen der Fokusräume. Möchte er an seinem Laptop E-Mails bearbeiten oder eine andere Stillarbeit verrichten, sitzt er an einer unserer Workstations, die mit Steckdosen, USB-Anschlüssen und Monitoren ausgestattet sind. Und wenn sich jemand von der

Bildschirmarbeit erholen oder zwanglos mit einem Kollegen zu einem beruflichen Thema austauschen möchte, dann geht er in eine der ganz unterschiedlich gestalteten Break-out-Areas (BOA) oder in eine unserer großen Büroküchen. Mit dieser Vielfalt haben wir eine perfekte Arbeitsumgebung für Digitalarbeiter geschaffen, so wie es ja auch in vielen BOAs der Fall ist. Natürlich sitzen die Teams einzelner Abteilungen möglichst nah beieinander. Und wir haben Flächen für Ordner und Kopierer zur Verfügung gestellt. Die Menschen von heute arbeiten ja sehr unterschiedlich. Viele Mitarbeiter drucken nach wie vor E-Mails oder andere Unterlagen aus. Darauf nehmen wir Rücksicht. Überall die Digitalisierung zu forcieren, funktioniert nicht. Das hat auch den Betriebsrat überzeugt. Der hat seine Büroumgebung übrigens auf derselben Etage wie ich. Da sind die Wege kurz.

Sie selbst haben Ihr 30-Quadratmeter-Büro mit Panorama-Alsterblick im obersten Stockwerk für zwei Quadratmeter mit unspektakulärem Blick auf ein spießiges Einfamilienhaus und die ewige Suche nach einem freien Fokusraum aufgegeben. Wir sitzen in einem rund acht Quadratmeter großen Konferenzraum, der keine CEO-Insignien wie teure Kunst an den Wänden oder Auszeichnungen auf dem Tropenholz-Sideboard zur Schau stellt. Sie tragen auch gar keine Krawatte mehr. Sind Sie dafür Deutschlandchef geworden?

Eines sage ich Ihnen gleich vorweg: Ich werde der Letzte sein, der noch eine Krawatte trägt! Okay, heute ist Casual Friday, da habe ich auf den Schlips verzichtet. Aber ich halte nichts davon, wenn Chefs in Kapuzenpulli und Basecap herumlaufen. In unserem Management-Board wird großer Wert auf einen gepflegten Stil gelegt, auch wenn wir uns duzen. Wir bleiben unserer Philips-Kultur treu. Nicht alles wird anders. Und schon gar nicht wie bei Google. Bei uns finden Sie keine Schaukel, sondern eine Hollywoodschaukel. Die passt einfach besser zu uns. Als Chef bin ich gern unter Menschen. Ich sitze hier inmitten der Community. Da werde ich anders wahrgenommen. Ich mag den persönlichen Kontakt. Wer eine Frage hat, kann mich einfach ansprechen.

Sie haben in Ihrer Karriere für Philips eine beachtliche Präsenz in asiatischen und den ehemaligen sowjetischen Märkten aufgebaut und dabei ein rasantes Wachstum produzieren können. Jetzt sind Sie im zwar hart umkämpften, aber vergleichsweise trägen deutschen Markt aktiv. Wie lautet Ihr Plan?

Auch das DACH-Geschäft muss man extrem strategisch angehen. Man darf die Augen vor den digitalen Möglichkeiten nicht verschließen. Die Produktionsstrategien verändern sich. Heute wird mehr und schneller experimentiert. Stichworte sind hier »Rapid Prototyping« und »User Experience«. Ich wünsche mir, dass sich einige unserer vielen Neuentwicklungen bald am Markt behaupten können. Doch das reicht nicht aus. Wir brauchen ein großes Feld und starke Verbündete. Wer die Märkte analysiert, die Philips-Geschichte kennt und beobachtet, was in den USA passiert, der weiß, dass unsere große Entwicklungschance in der Healthcare-IT liegt. Das ist mehr als Medizintechnik im traditionellen Sinne. Hier geht es um den kompletten Gesundheitsmarkt von der Vorbeugung durch Selbstvermessungen mit einer App, über Diagnose und Therapie beim Arzt oder im Krankenhaus bis hin zur Nachsorge per Telemedizin. Die Digitalisierung verbindet alle diese Bereiche. Da ist radikales Umdenken gefragt. In Deutschland hinken wir mit der Digitalisierung des Gesundheitssektors ganz schön hinterher. Die Amerikaner sind uns weit voraus. Es fühlt sich so an, als ob der Zug den Bahnhof schon verlassen hätte, und wir sitzen nicht im ersten Waggon. Europa muss sich jetzt zusammenschließen und sich gemeinsam im E-Health-Segment gut aufstellen. Die Deutschen und die Holländer reden schon … Aber ganz ehrlich: Manchmal habe ich Angst, dass wir den Anschluss verpassen.

Und da sind die deutschen Datenschutzbestimmungen auch nicht hilfreich ...

Datenschutz! Wird es dadurch besser oder schlechter für uns? Meine Daten sind doch überall. Im Kellerarchiv einer Uniklinik, im Hängeregister einer Arztpraxis oder auf der Festplatte eines Radiologen. Auch für den Datenschutz brauchen wir eine europäische Lösung. Gerade in Deutschland dürfen bei dem Thema unendlich viele Instanzen mitreden: Verbände, Ärzte, Apotheker, Versicherungen ... Im Moment habe ich das Gefühl, dass viele Organisationen den Datenschutz missbrauchen, um den Status quo zu erhalten.

Wie stellen Sie sich Ihre Zukunft im E-Health-Segment vor?

Bei Philips verändert sich viel. Aktuell sind wir nur noch in drei Produktsparten aktiv: im Bereich der Konsumentengeräte wie Rasierer oder Zahnbürsten, in dem der Lichtsparte, die beispielsweise ungewöhnliche Lichtkonzepte für Konferenzräume und Hotellobbys anbietet und die wir gerade in die separate Philips Lighting GmbH ausgegliedert haben, und dann im Bereich der Medizintechnik. Dieser macht in Europa 50 Prozent unseres Umsatzes aus. Da ist noch viel Luft nach oben.

Für den Health-IT-Markt habe ich drei Träume:

Traum 1: Der Gesundheitsmarkt entwickelt sich zu einem Health-Kontinuum aus gesundem Leben, Prävention, Diagnose/Therapie und Nachsorge.

Traum 2: Das ganze Gesundheitswesen wird vernetzt. Die Technik liegt vor, nur die Menschen machen noch nicht mit. Inzwischen waren viele Medizinprofessoren im Silicon Valley, die finden den Ansatz gut. Wir gehen über die Wissenschaftler, Unikliniken und Apotheken und bauen deutschlandweite Netzwerke auf. Aktuell setzen wir gemeinsam mit der Universitätsmedizin Rostock und den Krankenkassen AOK Nordost und TK das Projekt »Herzeffekt Mecklenburg-Vorpommern« um, das der Innovationsfonds des Bundes mit 14 Millionen Euro unterstützt. Ziel der Zusammenarbeit ist eine vernetzte und damit effizientere Versorgung von Herzpatienten im Bundesland durch innovative Technologien.

Traum 3: Den erforderlichen Kulturwandel über die Digitalisierung zu managen. Wie machen wir das praktisch am besten? Meine Strategie dazu heißt, das Kerngeschäft und die innovativen neuen Geschäftsmodelle bleiben erst einmal getrennt. Die unterschiedlichen Kulturen kann man nicht so schnell zusammenführen.

Wie verändern Sie die Unternehmenskultur im Kerngeschäft?

Im Kerngeschäft haben wir ja schon vieles verändert. Wir haben die digitale Kompetenz unserer Mitarbeiter insgesamt erhöht. Manch einer ist sehr digital unterwegs, andere gar nicht. Das kann man nicht forcieren. Mir persönlich ist es wichtig, dass wir den Mitarbeitern eine Umgebung bieten, in der sie sich wohlfühlen und in der sie gern arbeiten. Als Kick-off für die neue Unternehmenskultur haben wir knapp 2000 Mitarbeiter aus unserem gesamten DACH-Markt zu einem eintägigen Event im Hamburger Hafen eingeladen. Wir haben unsere digitale Transformation als Star-Trek-Episode inszeniert und sind durch das »Health Continuum« gereist. Das Management-Board der Philips Enterprise in Originalkostümen. Ich als Captain – und dann, als es darum ging, mutig voranzugehen, da haben alle die Taschenlampen-App ihrer Smartphones aktiviert. Die Idee haben wir uns vom Papst abgeschaut. Wir haben echte, innovative Produkte gezeigt, keine Folien. Ganz ehrlich: Leben wir jetzt in der digitalen Welt oder nicht? Es ist schon beeindruckend, wie man Menschen, die bei einem großen, alten Traditionsunternehmen arbeiten, für die Digitalisierung begeistern kann. Das ist ein großer Schritt in die richtige Richtung. Doch die Rolle der meisten Mitarbeiter in unserem Unternehmen bleibt unverändert. Sie müssen das Geld verdienen, mit dem wir unsere Innovationen finanzieren können.

Gibt es bei Philips neue Regeln, Betriebsvereinbarungen oder eine Governance-Policy, die für Mitarbeiter relevante Themen wie die neu eingeführte Vertrauensarbeitszeit regeln?

Mit unserem Umzug in unser neues Headquarter musste jeder Mitarbeiter schriftlich bestätigen, dass er zu Hause eine vernünftige Arbeitsumgebung hat, sodass er dort optimal arbeiten kann. Dazu gehört zum Beispiel eine gute Internetanbindung. Unsere Mitarbeiter haben von überall Zugriff auf unsere Server und damit auf ihre Dokumente. Regelmäßige Teammeetings und Workshops helfen allen, sich in der neuen Arbeitsumgebung zurechtzufinden und mit den neuen Möglichkeiten vertraut zu machen. Und ich muss sagen, dass die Begeisterung der Mitarbeiter alle motiviert.

Wie führen Sie, Herr Vullinghs?

Ich arbeite gern mit Menschen, wenn sie motiviert sind. Das macht den Unterschied. Meinen Stil könnte man als »Management by the People« beschreiben, weniger als »Management by the System«. Ich führe nach meinem Bauchgefühl – und faktenbasiert. Bei mir müssen Menschen liefern. Im Tagesgeschäft herrscht bei mir Laisser-faire, da bin ich ganz entspannt. Ich bin sehr gut mit Zahlen, ich sehe sofort, wenn etwas nicht funktioniert. Wenn etwas nicht läuft, werde ich zum Mikromanager. Dann werde ich total anstrengend, rufe den Verantwortlichen sofort zu mir, gehe durch die Struktur und jedes Detail. Ganz ehrlich, wenn der Kunde ein Philips-Projekt treiben muss und nicht einer unserer Mitarbeiter, dann führt hier der Chef!

Wie halten Sie es mit der Strategie?

Strategie funktioniert nur, wenn ich daran glaube. Ich bin ein schlechter Schauspieler, ich mag es ehrlich und authentisch. Ich habe neun Monate an unserer Strategie gearbeitet; ich glaube an das, was wir entwickelt haben. Diese drei Planeten – Core Business, New Business Models und Health Spaces – ergeben Sinn. Vor allem die Health-IT wird absolut explosiv sein. Wir verändern uns für Wachstum. Wachstum ist mir das Allerwichtigste. Im Wachstum liegen die größten Chancen. Dieses Risiko gehe ich gern ein. »Bei Philips ist alles möglich.« *Das* ist eine tolle Vision!

Digital Leadership Style statt Chef aus der Hölle

Warum Sprachlosigkeit kein Makel sein muss – und wie es Digital Leadern gelingt, einen eigenen Führungs-Style (Feld 3) zu leben, ohne andere nachzuahmen. Und machen Sie den Test, ob Sie ein Chef aus der Hölle sind.

»Ich weiß nicht, was ich sagen soll«

Was eines der größten Probleme einer heutigen Führungskraft ist, lässt sich in einem Satz ausdrücken: »Ich weiß nicht, was ich meinen Mitarbeitern sagen soll«.

Das hört man oft, wenn eine Führungskraft genau an dem Punkt ankommt: kein Plan. Keine Ahnung. Wenn beispielsweise ein Merger ansteht oder die Konzernleitung eine tief greifende Änderung, bedingt durch die digitale Transformation, beschließt, dann sagen sich viele Chefs: »Da schauen mich meine Leute erwartungsvoll an – und ich weiß nicht, was ich sagen soll.« Weil ihnen schlichtweg der Überblick und damit die Inhalte fehlen. »Ich weiß nicht, was ich sagen soll« ist für einen Chef eine alarmierende Aussage. Einerseits. Andererseits: Wo ist das Problem?

So ist das heute. Keine Antwort zu haben, heißt ja nicht, sprachlos sein zu müssen, abzuwarten und sich dem Schicksal zu ergeben. Genau diese Erkenntnis gehört zu den zentralen Einsichten, die eine Führungskraft heute braucht: Sie wissen nicht, was Sie sagen sollen? Egal.

In jenem fernen »Früher«, dem noch so viele nostalgisch nach-hängen, da war es einfacher. Stand eine tief greifende Änderung im Unternehmen an, gab es einen konkreten Fahrplan. Der CEO hatte diesen Plan austüfteln lassen, oft unterteilt in einen Punkt A, einen Punkt B, einen Punkt C und so weiter. Der Plan wurde im Unterneh-men von oben nach unten wasserfallartig kommuniziert. Jeder hat-te sich daran zu halten. War der Plan abgearbeitet, war alles gut bzw. die Führungskraft hatte ihren Teil geleistet. Mehr konnte keiner von ihr erwarten.

Es gab ein Rezept, um das Koch-Bild aufzugreifen. Eine Füh-rungskraft musste nur alle Zutaten zusammensuchen, und alles wur-de gut.

Heute gibt es keine Rezepte mehr. Heute sagt ein CEO nicht mehr präzise, was zu tun ist. Fahrpläne liegen nicht mehr aus. Wenn es einen Punkt A gibt, liegt nicht zwangsläufig ein Punkt B vor, so lang man auch danach suchen mag.

Und das macht viele sprachlos. Denn da, wo sie herkommen, aus diesem »Früher«, da zählte Qualität und Wertarbeit, und Neues wurde erst angegangen, wenn ein präziser Plan vorlag. Es brauch-te Experten, die den Weg wiesen, Fachleute, die alles bis ins kleins-te Detail durchdacht hatten. Der digitale Wandel wirft das nun über den Haufen.

Im Übrigen gibt es nicht nur die von sich aus Sprachlosen. Es gibt auch jene, die es sehr gerne anders machen würden, aber noch nicht dürfen. Sie sind auch sprachlos – aber sie hätten durchaus etwas zu sagen. Sie werden sprachlos gemacht. Noch.

Macht einfach!? Klingt gut!

Viele CEO erkennen heute: Wir müssen auf agile Zusammenarbeit setzen. Wir verzichten auf Vorgaben. Wir machen unsere Mitarbeiter zu Gestaltern. Wir binden sie stärker in die Prozesse ein. Wir glauben, dass heute Zusammenarbeit ad hoc zu jeder Zeit und von jedem Ort auch über geografische Grenzen hinweg möglich sein muss. Wir sind beweglich, vor allem auch im Kopf. Wir sind agil. Und agil bedeutet auch: Wir wissen nicht genau, wohin die Reise geht. Es ist nicht jeder Schritt bis zum Schluss durchdacht. Wozu auch? Denken Sie nur an die großen Konzerne, die viele Jahre an einer Innovation tüfteln – und wenn diese dann endlich auf den Markt kommt, ist sie schon längst wieder veraltet. Heute hören wir auf unsere Kunden, unsere Dienstleister und unsere Mitarbeiter – und probieren einfach mal aus. Wir bauen Modelle, zum Beispiel aus Lego (das nennt man Prototypen). Wir riskieren, den falschen Weg zu gehen. Wir leben bewusst eine Fehlerkultur. Fangen Sie einfach an. Machen Sie einfach.

»Einfach machen« ist eine heute gern gewählte Losung aus der Führungsetage. Führungskräfte sollen einerseits die Chance der Digitalisierung nutzen, andererseits wird ihnen aber keiner sagen, wie es geht. Sie sollen selbst erkennen, dass die Digitalisierung die beste Möglichkeit ist, ihre Sprache wiederzufinden, um mit ihren Teams geeignete Lösungen aufzutreiben. Doch wer seine Sprache wiederfinden will, muss erst einmal das neue Vorgehen verstehen. Wer dem allumfassenden technologiegetriebenen Wandel begegnen will, muss sich fragen, was diese digitale Transformation überhaupt ist, was sie im Unternehmenskontext bewirken kann und wie sich das Phänomen auf die eigene Rolle als Führungskraft auswirkt.

Daten, Daten, Daten

Transformation kommt von lateinisch *transformare* und bedeutet »umformen« oder »umwandeln«, also »verändern«. Veränderungen im großen Kontext haben erst einmal etwas mit Evolution und rapidem Fortschritt zu tun. Ähnliche Veränderungsdynamiken wie heute hat die westliche Welt zuletzt während der industriellen Revolution erlebt, als man mittels neuer Technologien auf einmal Webstühle automatisch steuern konnte und Weber in ganz Europa ihre Jobs verloren. Mit der Dampfmaschine begann dann im 19. Jahrhundert die Mechanisierung der industriellen Fertigung. Und mit den Fließbändern der großen Fabriken wurde die maschinelle Herstellung der Normalfall und die Handarbeit in Manufakturen zu etwas ganz Besonderem. Später, gegen Ende des 20. Jahrhunderts, übernahm der Computer mehr und mehr Aufgaben. Und heute, nach Dampfmaschine, Fließband, Computer, sind es Daten, die die Welt verändern.

Eine Firma braucht heute nicht unbedingt Maschinen oder Industrieparks, sie braucht vor allem Daten. Dass Daten das neue Rohöl sind, gilt längst als Binsenweisheit. Bestes Beispiel: Facebook, ein Unternehmen, das lediglich die Daten von Menschen verbindet, ist zu einem weltumspannenden Milliardenkonzern gewachsen. Produziert im herkömmlichen Sinne wird bei Facebook nichts. Die Geschäftsgrundlage ist die relevante Verknüpfung von Daten. Das heißt: Organisches Wachstum im ursprünglichen Sinne ist nicht mehr der einzige Schlüssel zum Erfolg. Wachstum kann sprunghaft und unvorhergesehen passieren. Fachwissen, Expertentum und Tradition sind ein hohes Gut. Sie verlieren jedoch massiv an Bedeutung, wenn Branchenfremde sozusagen über Nacht zu Marktführern werden können wie beispielsweise Airbnb oder Uber.

Denn die zunehmende Digitalisierung verringert Markteintrittsbarrieren. Heute kann jeder mitspielen, dessen digitales Angebot überzeugt, der Investoren und Käufer findet. Ganz gleich, ob er bisher über Erfahrung auf dem Gebiet verfügt oder nicht. Gestandene Marktführer stehen jetzt im Wettbewerb mit innovativen Start-ups aus der ganzen Welt, die bisher niemand auf dem Schirm hatte. Es sind ihre disruptiven Ideen, ihre leistungsfähigen Softwareprogramme und die Vernetzung der Märkte auf der ganzen Welt, die diese neuen Player so gefährlich machen – und die neue Energien freigesetzt haben.

Digitalisierung – oder sterben wie die Dinosaurier

Warum sonst experimentiert die Otto Group, einst globaler Markt-führer im Versandhandel, mit Multi-Channel-Lösungen, neuen Ge-schäftsmodellen und Inhouse-Start-ups? Ganz einfach: Weil Amazon mit der Idee, dass nicht der Chefeinkäufer, sondern der Kunde selbst entscheidet, was auf eine Shopping-Plattform gehört, durch-schlagenden Erfolg hat.

Und während die Otto-Tochter Hermes im Pilotprojekt Pakete von Drohnen austragen lässt, experimentiert Amazon bereits mit Shops ohne Kassen. Warum spaltet Philips wohl seine Beleuchtungs-sparte ab und wird ein Healthcare-IT-Provider, der im Gesundheits-segment alles anbieten will, von der medizinischen Selbstvermes-sungs-App bis zum Krankenhausgroßgerät? Weil Unternehmen sich an die Bedürfnisse der Zeit anpassen müssen, wenn sie nicht wie Di-nosaurier aussterben wollen. Google und Tesla mischen heute schon mit bisher undenkbaren Features die Autoindustrie auf. Inzwischen investieren auch Banken, Pharmakonzerne und Medienhäuser in Start-ups und Gründungsinkubatoren und versuchen, Allianzen mit ihren Wettbewerbern aus der Digitalbranche zu schmieden. Zu Recht.

Neben der wachsenden Konkurrenz aus fremden Branchen irri-tiert auch die zunehmende Macht der Kunden. Sie verfügen im Zeit-alter von Chatbots und Bewertungsportalen über vielfältige Ein-flussmöglichkeiten. Wohl nie zuvor waren so viele Menschen in ihrem Konsum anspruchsvoller und gleichzeitig wechselbereiter als heute. Und das hat einen guten Grund: Der Kunde glaubt nicht mehr alles. Er ist wesentlich besser informiert. Er ist vernetzt, und er ist vor allem kritischer. Er fragt gnadenlos: »What's in it for me?«, und lässt sein Geld dort, wo der Kaufvorgang reibungslos funktio-niert und das Kundenerlebnis begeistert. Eine kostenpflichtige Hot-line, in der Kunden ewig in der Warteschleife hängen, oder wochen-langes Warten auf die Beantwortung einer E-Mail? In der heutigen

Zeit nahezu inakzeptabel. Der Kunde erwartet Service, Informationen und Lieferung der Ware quasi in Echtzeit – und zwar nicht nur über einen Kommunikationskanal.

Wenn der Kunde den Rant wählt

Wenn einem Käufer ein Produkt, eine Dienstleistung oder ein Reklamationsvorgang nicht gefällt, kann er das postwendend an die große Glocke hängen. Durch die sozialen Medien – ebenfalls eine Folge der Digitalisierung – sind die Möglichkeiten für öffentliche Kritik vielfältig geworden. Ein provozierendes Facebook-Posting, ein kritischer Forumsbeitrag, ein kleiner Shitstorm oder ein sogenannter Rant, also eine Schimpftirade auf einem bekannten Blog, haben eine wesentliche höhere Reichweite als die traditionelle Kundenreklamation per Fax oder der gute alte Leserbrief. Gut gemachte digitale Beschwerden verbreiten sich sogar viral.

Kurz: *Die Digitalisierung durchdringt jede Branche und jede Abteilung. Und sie bewirkt, dass alles, was bisher Bestand hatte, auf den Prüfstand gelangt. Mensch. Unternehmen. Organisation. Technologie. Alles.*

Und das macht viele im wahrsten Sinne des Wortes sprachlos. Statt ein Netzwerk zu knüpfen, statt zu beginnen, sich selbst zu transformieren, verharrt so manch ein Chef, bleibt auf der Stelle stehen und schweigt lieber.

Wir sagen: In unsicheren Zeiten, in denen die Veränderungsdynamiken ungewöhnlich hoch sind und Technologiesprünge unser Leben und damit auch unsere unternehmerische Zukunft unberechenbar machen, bedarf es einer mutigen und gut vernetzten Führung. Es ist die Aufgabe einer guten Führungskraft, sich an die neuen Verhältnisse anzupassen, Veränderungen unabhängig von ihrer Hierarchieebene voranzutreiben, Bewährtes mit Neuem zu verbinden und sich im unternehmerischen wie im menschlichen Sinne gewinnbringend einzusetzen.

Klingt in der Theorie sehr einleuchtend. Aber wo genau liegen eigentlich die Unterschiede zu gestern?

So war es früher

In der klassischen Wirtschaft setzte man auf langfristig geplante Maßnahmen zur Erreichung im Vorfeld beschlossener Unternehmensziele. In ausformulierten Businessplänen legten Manager bisher dar, auf welche Art und Weise kurz-, mittel- und langfristige wirtschaftliche Unternehmensziele erreicht werden sollten. Bei dieser Vorgehensweise spielten eine konkret bezifferte Zielvorgabe und präzise geplante Aktivitäten zur Zielerreichung eine zentrale Rolle. Es gab Richtlinien und Regeln, nach denen auf dem Weg zur Zielerreichung zu verfahren ist.

So ist es jetzt

In Zeiten der digitalen Revolution läuft vieles anders. Schon allein die Grundannahme, dass sich Ziele numerisch vorgeben lassen und Wege zur Zielerreichung genau geplant werden können, gilt im Zeitalter des digitalen Wandels nicht mehr. Vertraute, festgeschriebene Marktusancen werden von disruptiven Playern schlichtweg ignoriert und durch ihren Erfolg für ungültig erklärt. Start-ups entwickeln ihre Pläne agil, also während sie sich auf dem Weg befinden, und arbeiten mit Annahmen, deren Plausibilität sie unterwegs mit fortwährenden User-Tests überprüfen. Sollte sich das aktuelle Vorgehen nicht bewähren, kommt es zu Planänderungen. Kein Problem! Notfalls werfen sie alles, was sie im letzten Schritt erreicht haben, über den Haufen. Pivotieren nennt man es, wenn man wieder zum Anfangspunkt zurückkehrt und seine Annahmen neu durchdenkt.

Das klingt spannend im Hinblick auf das Ergebnis, und es klingt anstrengend für jeden Chef. Denn: Wie wirkt sich das Infrage-Stellen fast aller bekannten Rahmenbedingungen und Regeln auf die

Fähigkeit aus, als Führungskraft gestaltend tätig zu sein? Wie können Mitarbeiter motiviert werden, wenn der Chef keinen festen Plan mehr hat und keine klar umrissenen wirtschaftlichen Ziele vorgeben kann? Wenn die Führungskraft nicht mehr alles weiß und nicht jede Frage souverän beantworten kann, was kann so eine Führungskraft tun, damit sich ihre Mitarbeiter nicht abwenden oder gar streiken? Wie kann man sein Team dazu motivieren, gemeinsam und vertrauensvoll in die Zukunft zu gehen? Oder: Wie finden Führungskräfte ihre Sprache wieder?

Klären wir erst, wo Sie nicht suchen sollten: im Früher. Im Gestern. In der Hölle.

Rückwärtsgewandt? Wir nennen es »Chef aus der Hölle«

Betrachten wir die Führungskraft, die es ablehnt, sich mit den Leitgedanken der Digital Leadership Excellence zu beschäftigen. Ich glaube: Sie wird es im Zeitalter der digitalen Transformation schwer haben, als Vorgesetzter akzeptiert zu werden und unternehmerische Erfolge zu verbuchen. Es ist immer demotivierend für Mitarbeiter, Verhaltensweisen zu erleben, die weder produktiv noch wertschätzend sind, die alles Neue ablehnen und sich selbst nicht weiterentwickeln wollen.

Wer als Vorgesetzter so handelt, riskiert seine Zukunft und die des Unternehmens, weil er nicht einsieht, dass sich neue Probleme nicht mit alten Regeln lösen lassen. Vor allem analoge oder unzeitgemäß anmutende Anweisungen von unflexiblen Vorgesetzten stoßen bei jüngeren und unabhängig denkenden Mitarbeitern auf Unverständnis. Alles, was in diese Kategorie fällt, bezeichnen sie gern mit »aus der Hölle«.

»From hell« beschreibt laut Oxford Dictionary »an extremely unpleasant or troublesome example of something«. Menschen »aus der Hölle« sind etwa ein schlecht informierter, rechthaberischer Kunde, ein nerviger Kollege oder eben ein unangenehmer, lästiger Vorgesetzter. Im Digitalumfeld nerven Menschen aus der Hölle mit Anweisungen aus einer anderen Zeit. Das Bild vom »Chef aus der Hölle« beschreibt sehr deutlich, welche Verhaltensweisen von Vorgesetzten im digitalen Zeitalter nicht mehr konsensfähig sind. Chefs aus der Hölle sind diejenigen, die den digitalen Wandel nicht verstehen *wollen* und deshalb versuchen, sich herauszureden. Damit sind explizit nicht die Chefs gemeint, die dem digitalen Wandel gegenüber aufgeschlossen sind, aber immer noch lieber telefonieren als eine Textmessage zu senden. Es geht dabei nicht so sehr um Digitalkompetenzen, sondern eher um das Mindset.

Kommen Sie aus der Hölle? – Der große Test

Um das Thema vom »Chef aus der-Hölle« zu vertiefen, haben wir einen kleinen, nicht ganz ernst gemeinten Selbsttest entwickelt. Bitte beantworten Sie – ohne lange nachzudenken – nachfolgende drei Fragen:

1. Sie kommen morgens in die Firma. Was machen Sie als Erstes?

- Sie gehen von Tisch zu Tisch, begrüßen Ihre Mitarbeiter und Kollegen und gehen dann weiter in Ihr Büro. (10 Punkte)

- Sie ziehen Ihren Mantel aus, holen sich einen Kaffee und quatschen kurz mit denen, die in der Küche rumstehen. (5 Punkte)

- Sie gehen schnellen Schrittes, ohne nach rechts und links zu gucken, in Ihr Büro und bleiben dort – Ihren mitgebrachten Butterbroten sei Dank – bis zum Feierabend sitzen. (0 Punkte)

2. Sie erhalten vom Chef den Auftrag, eine aktuelle Statistik zu übermitteln – aber »dalli, dalli, bitte schön«. Was machen Sie?

- Sie rufen den Mitarbeiter an, der für ZDF (Zahlen, Daten, Fakten) zuständig ist, um ihm zu sagen, dass Sie ganz schnell und sofort diese Statistik bräuchten. Und weil der gerade im Urlaub ist (was Sie vergessen hatten), machen Sie den Kollegen, der ans Telefon gegangen ist, deshalb kurz an und beauftragen ihn anschließend mit dem Job – zur Strafe sozusagen –, das Problem selbst zu lösen. (0 Punkte)

- Weil der zuständige Kollege im Urlaub ist, schreiben Sie eine Rundmail an Ihr Team und fragen nach, wer den Job übernehmen kann und will. Sie erwähnen, dass es eine gute Chance sei, beim Vorstand sichtbar zu werden. Demjenigen, der die Aufgabe übernimmt, versprechen Sie eine lobende Erwähnung bei Ihrem Chef und zehn Karmapunkte. (10 Punkte)

- Sie wissen, dass der zuständige Mitarbeiter im Urlaub ist und alle anderen genug zu tun haben, weil sie auch noch andere Aufgaben in seiner Abwesenheit erledigen müssen, und erstellen die Statistiken selbst. (5 Punkte)

3. Sie sollen in zehn Tagen ein Konzept beim Kunden präsentieren. Wie gehen Sie vor?

- Sie stellen eine grobe Ideenskizze zusammen, geben diese Ihrem Lieblingsmitarbeiter und bitten ihn, diese als Konzept auszuarbeiten und in Ihrem Namen fertigzustellen. (0 Punkte)

- Sie buchen ausgewählten Mitarbeitern, die Sie als kreativ erlebt haben, ein zweistündiges Meeting für den Nachmittag ein. Nach langem Hin und Her schlagen drei Mitarbeiter hintereinander ähnliche Ideen vor. Sie geben dem dritten Redner recht, weil sich sein Vorschlag als Konsens herausgestellt hat, bitten Ihre Mitarbeiter, auf der Basis dieser Idee weiterzuarbeiten, und verlassen das Meeting. (5 Punkte)

- Sie setzen ein Doodle mit drei Terminoptionen auf und laden Ihre Mitarbeiter ein, innerhalb einer Stunde ihre Teilnahme-Häkchen zu setzen. Im Meeting zwei Stunden später ermitteln alle anwesenden Mitarbeiter gemeinsam mit abgespeckten Methoden aus dem Design Thinking erste Punkte, die sie gemeinsam mit einer professionellen Version von Google Apps zu einem Konzept zusammenschreiben. (10 Punkte)

Rechnen Sie nun Ihre Punktzahl aus:

Sie haben 21 bis 30 Punkte erzielt:

- Tadaa! Sie haben den Test mit Bravour bestanden. Wir gehen mit diesem Buch in Serie, und Sie dürfen an *Netzwerk schlägt Hierarchie II* mitschreiben.

Ihre errechnete Zahl liegt zwischen 11 bis 20 Punkten:

- Nice, Sie haben im Prinzip verstanden, worum es bei Digital Leadership geht. Sie dürfen weiterlesen.

10 bis 0 Punkte – mehr werden es einfach nicht:

- OMG. Da geht noch was. Bitte das Buch weiterlesen, die Digital Leadership Canvas durcharbeiten und einen Digital Leadership Coach buchen.

Auswertung

Zu Aufgabe 1: Ein Digital Leader ist offen für seine Mitarbeiter. Sie jeden Morgen zu begrüßen, zeigt, dass sie gesehen werden. Das haben Chefs früher schon gemacht – eine Tradition, die man wieder aufleben lassen sollte. Ob dies aus purer Nächstenliebe geschieht oder weil mit Aufmerksamkeit die Produktivität des Einzelnen erhöht werden soll, ist fürs Erste nicht relevant. Ein Chef, der seine Mitarbeiter nicht beachtet und sich sofort in sein Büro zurückzieht, wirkt in der Führung schwach. Damit wird er kein Vorbild sein. Niemand wird ihm auf dem Weg in die ungewisse Zukunft folgen.

Zu Aufgabe 2: Ein Digital Leader schafft den Spagat zwischen der alten und der neuen Welt. Jede Aufgabe, die an ihn herangetragen wird, gibt ihm die Chance, aufs Neue zu überlegen, wie sie zu bewerkstelligen ist. Mit dem Angebot an seine Mitarbeiter, beim Vorstand sichtbar zu werden, unterstützt er Menschen auf ihrem Karriereweg. Die zeitgemäßen Karmapunkte verdeutlichen seine sinnorientierte Haltung: Wer Gutes tut, wird belohnt. Gleichzeitig beweist er damit Vertrauen in sein Team, weil er sich sicher ist, dass sich jemand finden wird, der die Statistik termingerecht abliefern kann.

> *Zu Aufgabe 3: Ein Digital Leader hat verstanden, dass alle, die nach Schema F arbeiten, ordentliche, aber in keinem Fall überragende Ergebnisse abliefern werden. Er weiß, dass allein überraschend zeitgemäße Ergebnisse das erhoffte Kundenlob bringen und die Auftragsvergabe sichern werden. Deshalb baut ein Digital Leader auf den Einsatz von modernen Tools und Methoden, um genau diesen Wow-Effekt zu erzielen. Er gibt die Kontrolle auf und orchestriert die modernen Möglichkeiten. Seine Mitarbeiter werden seine Offenheit feiern und dem erfolgreichen Leader auch weiterhin folgen.*

Diese kleinen Beispiele aus dem Büroalltag verdeutlichen, dass es in Zeiten der digitalen Revolution nicht zielführend ist, ein »Chef aus der Hölle« zu werden.

Dass es für einen Vorgesetzten kontraproduktiv ist, sich den ganzen Tag über in seinem Einzelbüro zu verstecken und seine Courage im Aktenschrank abzulegen. Dass es sich eine Führungskraft nicht mehr leisten kann, einen Kollegen mit digitalem Mindset als Querulanten zu brandmarken. Und dass die Insignien des Erfolgs heute nicht mehr nur Golf, Gadgets und Gin-Tastings sind, sondern vor allem Offenheit für gute Führung.

Vom analogen Chef zum Digital Leader

Wir hoffen für Sie, dass Sie kein Höllenbewohner sind. Oder besser: Wir hoffen, dass Sie nun beschlossen haben, das Chef-aus-der-Hölle-Dasein aufgeben zu wollen. Wenn das für Sie geklärt ist, stehen Sie vor der nächsten Herausforderung: Wie lassen Sie den analogen Chef hinter sich? Wie werden Sie ein Digital Leader?

Auch hier gilt, was Sie bereits befürchten: Es gibt kein Rezept, keinen Plan. Aber Voraussetzungen, die alle Digital Leader einen. Die drei wichtigsten sind:

> *Adapt to win*: Ein Digital Leader hat verstanden, dass er allein mit der digitalen Transformation gewinnen kann und nicht gegen sie. Diese Erkenntnis erfordert anhaltende Flexibilität.
> *Held und Hub*: Ein Digital Leader ist die Brücke zwischen Hierarchie und Netzwerkorganisation. Er führt mit Mut und ist mit seinen Followern vernetzt. Dieser Führungsstil erfordert ein neues Mindset.
> *Roadmap statt Strategie*: Wenn sich Ziele nicht mehr *smart* definieren lassen, weil wir mit vielen der uns bekannten Parameter nicht mehr zuverlässig die Zukunft prognostizieren können, verzichten wir auf ein klassisches Führungskonzept zugunsten einer Roadmap. Welche der vorgeschlagenen Route wir einschlagen werden, entscheiden wir nach dem Prinzip der Effectuation.

Was macht einen guten Digital Leader aus?

Würden Sie auf Anhieb einen guten Digital Leader erkennen? Vielleicht, vielleicht auch nicht. Vieles zeigt sich erst, wenn Sie ihn erleben. Auch treten Führungskräfte nicht immer gleich auf. Vielleicht ist ein wichtiges Zeichen, wie er sein Team zusammenstellt, mit welchen Leuten er arbeitet. Das ist sicher ein gutes Zeichen. Aber sonst?

Das Dilemma ist, dass Führung nicht wirklich gelehrt wird. Ein heutiger Chef ist vor allem auch wegen seiner fachlichen Expertise an die Spitze gekommen. Und dann hat er halt mal gemacht. Was ihn oft einsam macht, ist zum einen die digitale Welt, die für Chefs in einem entsprechenden Alter nicht leicht zu greifen ist, und zum anderen die Verantwortung.

Auf den meisten lastet die große Verantwortung, Entscheidungen zu treffen. Und das oft allein. Das ist eben das Bild: der große Allwissende, der weise Entscheidungen trifft. Die Idee vom empathischen Chefs, der mehr zuhört als redet, der mehr moderiert als befiehlt und der Fehler und Unwissen einräumt, setzt sich noch schwer durch. Auch das ist ein Problem. Man erlebt die Dynamik des digitalen Wandels. Um dabei mitzuhalten, hilft nicht beharren, nicht vertrauen auf das, was schon immer geholfen hat. Es wäre nicht von Nachteil, wenn Sie folgende Eigenschaften irgendwo bei sich entdecken. Oder gar versuchen, sich diese Eigenschaften anzueignen.

Flexibilität

Flexibilität im Arbeitsleben bezeichnet die mentale Fähigkeit, sich auf veränderte Anforderungen und Bedingungen einer Situation schnell einzustellen. Eine flexible Führungskraft ist neugierig, zeigt sich offen für Veränderungen, ist in der Lage, Situationen aus unterschiedlichen Perspektiven zu beleuchten, und ist bereit, Veränderungen zu akzeptieren, ohne dabei ihre Kritikfähigkeit zu verlieren. Flexibilität führt nicht unbedingt zu mehr Freiheit, mehr Autonomie oder mehr Selbstverantwortung. Die zunehmende Flexibilisierung der Arbeitswelt führt zu einem Fehlen von Autorität im klassischen Sinne. Zumindest schränkt sie die Möglichkeit von Vorgesetzten ein, Macht auszuüben, ohne Verantwortung übernehmen zu müssen. Gerade dieser letzte Aspekt unterscheidet einen Digital Leader von einem klassischen Manager.

Mindset

»Mindset« heißt so viel wie »Denkweise« oder »Gesinnung«. Aus dem Mindset einer Führungskraft lässt sich ihre Haltung ableiten. Denn ihr Mindset bestimmt ihren Führungsstil. In Zeiten der Hypervernetzung ist eine Führungskraft dann erfolgreich, wenn sie mit möglichst vielen Knotenpunkten – Chefs, Kollegen, Mitarbeiter, Gleichgesinnte etc. – verknüpft ist und in regem Austausch mit ihnen steht, wenn sie ihren Erfolg daran misst, wie andere Menschen ihre Persönlichkeit mögen (Likeability) und ihre Leistungen anerkennen. Während eine klassische Führungskraft nach dem Managementprinzip »Ober sticht Unter« bis zu einem gewissen Punkt erfolgreich ist, muss sich ein Digital Leader seine Führungskompetenz jeden Tag aufs Neue beweisen. Maßstab ist hier, nach welchen Kriterien er alltägliche Entscheidungen fällt und anfallende Probleme löst. »Digitally minded« zu sein heißt also in erster Linie, mit gesundem Menschenverstand und auf der Basis von Fakten einen Sachverhalt abzuwägen, ohne sich dabei nicht von vorgefertigten Meinungen leiten zulassen. Das Ziel eines Digital Leaders ist nicht, die Faktenlage in eine bestimmte Richtung zu drehen oder passend zu machen, damit das erwartete Ergebnis erreicht wird, sondern in jeder Situation erneut zu prüfen, was zielführend ist. Bei diesem Abwägungsprozess werden beide Gehirnhälften aktiviert: die linke, die vornehmlich für das Denken, Wissen und Analysieren zuständig ist, und die rechte, die Intuition, Kreativität und Gefühle steuert.

Das Rohmaterial aller Gedanken, also Geistesblitze, Gedankensplitter oder Bilder, die spontan in unseren Köpfen entstehen, werden auf der rechten Seite weiterverarbeitet. Gute Führung benötigt den Input beider Gehirnhälften. Da Manager seit Jahrzehnten im BWL-Studium zu rein sachlichen Informationsverarbeitern ausgebildet werden, die Prozesse optimieren und Ergebnisse absichern sollen, fehlen in vielen Chefetagen Führungskräfte, die Mitarbeiter motivieren, Visionen entwickeln und Innovationspotenzial erkennen können. Die IESE Business School hat in Gesprächen mit Topführungskräften fünf Merkmale herausgefiltert, die für das digitale Mindset einer Führungskraft entscheidend sind und diese im US-Wirtschaftsmagazin *Forbes* veröffentlicht. Wir skizzieren sie kurz an dieser Stelle:

Rechte Gehirnhälfte: Liefern Sie eine Vision
Linke Gehirnhälfte: Ermächtigen Sie andere

Nur wenn Sie eine überzeugende Vision haben und es Ihnen gelingt, Ihr Team auf diese einzuschwören, werden Sie Ihr Team mitnehmen können auf den Weg zur digitalen Transformation. Peter Vullinghs beispielsweise hat es schafft, eine Belegschaft auf die Transformation zum Medizin-IT-Unternehmen einzuschwören, weil er die Vision entwickelt hat, dass bei Philips alles möglich ist. Damit hat er seine Belegschaft ermächtigt, das Unmögliche zu denken und das Undenkbare auszuprobieren. Das bedeutet nicht, dass jeder Mitarbeiter diese Chance ergreifen muss und zur Innovation verpflichtet ist. Doch jeder, der ein Treiber sein will und Verantwortung übernehmen möchte, darf dies bei Philips innerhalb bestimmter Regeln tun.

Rechte Gehirnhälfte: Geben Sie Kontrolle auf
Linke Gehirnhälfte: Orchestrieren Sie die Möglichkeiten

Wer Menschen ermächtigt, verzichtet zu einem gewissen Grad auf Kontrolle. Das beliebte Managementtool »Mikromanagement« hat damit ausgedient. Der Führungskraft obliegt jetzt die Aufgabe, die Möglichkeiten zu sammeln, aus verschiedenen Perspektiven zu beleuchten und so zu orchestrieren, dass sie innerhalb eines nachvollziehbaren Regelwerks Lösungen ermöglichen, die der Vision entsprechen, Orientierung bieten und damit dem Team die Richtung weisen.

Rechte Gehirnhälfte: Erhalten Sie
Linke Gehirnhälfte: Unterbrechen Sie

Während der digitalen Transformation ist es wichtig, sich auf Bewährtes zu verlassen, vor allem dann, wenn es zur Kernkompetenz oder Kultur eines Unternehmens beiträgt. Philips Deutschland beispielsweise kann traditionelle Röntgengeräte bauen – warum sollte das medizintechnische Know-how nicht ausgeweitet werden? Um dafür Kapazitäten zu schaffen, werden Geschäftsbereiche, die überflüssig geworden sind, weil sie keine Zukunft zu haben scheinen, ausgelagert oder abgeschafft. Das Prinzip gilt auch für die Arbeit im Büro: Warum Aktenordner anlegen, wenn Dokumente in der Cloud gespeichert werden?

Rechte Gehirnhälfte: Verlassen Sie sich auf Daten
Linke Gehirnhälfte: Vertrauen Sie auf Ihre Intuition

Big Data ist in aller Munde. Doch Daten nützen nichts, wenn man sie nicht analysieren kann. Zur professionellen Datenauswertung gehören Fachkenntnis und Intuition. Wer kein Gefühl dafür hat, was wahrscheinlich ist, kann auch keine weiterführenden und belastbaren Erkenntnisse ableiten. Logisch, oder?

Rechte Gehirnhälfte: Seien Sie skeptisch
Linke Gehirnhälfte: Seien Sie offen

Skepsis und Offenheit sollten sich die Waage halten. Es ist nicht alles Gold, was glänzt. Und ein ungeschliffener Diamant sieht erst einmal nach gar nichts aus. Ein Digital Leader benötigt ein gutes Urteilsvermögen und eine Portion Zurückhaltung. Aufgeschlossen zu sein für Neues ist unbedingt erforderlich. Dies sofort zu bewerten, ist nicht immer klug. Denn gute und dumme Gedanken können auf den ersten Blick gleich aussehen.

Abwägen, aushandeln, verabreden

Allerdings gibt es eine Funktion der linken Gehirnhälfte, die ein digital minded Leader unbedingt aktivieren sollte. In der Rechtswissenschaft nennt man sie »Güterabwägung«. Das ist die Fähigkeit, unter neuen Voraussetzungen auf der Basis bestehender Regelwerke ein Urteil zu fällen, das zukunftsweisend ist. Bundesverfassungsrichter müssen im Vorfeld zu ihrer Rechtsprechung eine Güterabwägung vornehmen, wenn es in einem Fall um die im Grundgesetz garantierten Grundrechte geht. Geht es beispielsweise darum zu entscheiden, ob das Grundrecht auf Presse- und Meinungsfreiheit (Artikel 5 GG) in einer bestimmten Situation höher zu bewerten ist als das allgemeine Persönlichkeitsrecht oder das Grundrecht auf Privatsphäre (Artikel 2 GG), müssen die Richter die Details prüfen. Denn jeder Fall weicht von einem vorangegangenen ab. Das »Gegeben ist« ist jedes Mal leicht variiert, die gesamtgesellschaftliche Situation möglicherweise auch. So gibt es bei Güterabwägungen kein allgemeingültiges Richtig oder Falsch, sondern lediglich eine aktuell herrschende Meinung, der das Urteil folgt. Wenn einzelne Richter zu einem abweichenden Ergebnis gelangt sind, werden diese als Mindermeinungen ebenfalls mit dem Urteil veröffentlicht.

Und so verhält es sich auch bei der Digital Leadership in Zeiten der digitalen Transformation. Die zunehmende Digitalisierung und die sich ständig verändernde gesamtgesellschaftliche Situation zwingen uns dazu, uns andauernd im Bereich des Abwägens, Aushandelns und Verabredens zu bewegen. Damit bleibt einer digital agierenden Führungskraft nichts anderes übrig, als sich gelegentlich von starren Vorschriften zu verabschieden, für das Team akzeptable Regeln zu finden und dafür zu sorgen, dass sich alle daran halten. Entstehen Konflikte, ist es an der Zeit, die getroffene Verabredung zu überprüfen. Denn wo Konflikte sind, ist Raum für Veränderungen.

Effectuation

Das Vorgehen nennt sich Effectuation. Sie erinnern sich: Kochen ohne Rezept. Der Begriff »Effectuation« bezeichnet, wie gesagt, eine Entscheidungslogik, die in Situationen der Ungewissheit eingesetzt wird. Die Leitfrage ist nicht »Was soll ich tun?«, sondern »Was kann ich tun?«. Diese Businessmethode, die gut aufgestellte Start-ups agil und damit erfolgreich macht, hat Saras D. Sarasvathy, Professorin für Entrepreneurship, Strategie und Ethik an der University of Virginia, maßgeblich erforscht und bekannt gemacht. Effectuation basiert auf den folgenden fünf Denkprinzipien:

1. *Bird in Hand* – Ressourcenorientierung: Die Frage »Was kann ich tun?« orientiert sich im Wesentlichen an den vorhandenen Ressourcen. Manche nennen das auch Tim-Mälzer-Prinzip. Es heißt, dass sich der Koch Tim Mälzer nicht an Rezepten orientiert, sondern an dem, was ihm an Zutaten aktuell zur Verfügung steht. Wenn er seine Vorräte in Kühlschrank, Gefriertruhe und Küchenschränken überprüft hat, überlegt er sich, welches leckere Gericht er daraus kochen kann. Damit ist bewiesen, dass der Erfolg einer Unternehmung nicht allein von Ressourcen wie Budget oder Zahl der Mitarbeiter anhängig ist, sondern von seiner Kreativität und seiner Fantasie.

2. *Affordable Loss* – der maximale Verlust: Vor jeder Investition und jeder Businessentscheidung steht die Frage, wie hoch der Verlust im schlimmsten Fall ist. Welche Renditeerwartungen diese Entscheidung einbringt, spielt ebenso wenig eine Rolle wie die Überlegung, welche Unwägbarkeiten zu erwarten sind.

3. *Lemonade* – der Zufall als Chance: Anstatt einen festgelegten, gradlinigen Plan zu verfolgen, verwandeln Entrepreneure Unvorhergesehenes in einen Vorteil. Jeder Player hat die Chance, seinen Wirkungsbereich aktiv zu gestalten, indem er Veränderungen herleitet oder auf Veränderungen reagiert. Bekommen sie Saures, geht der Plan schief, machen sie Limonade daraus. Das Prinzip, den Zufall für sich zu nutzen, wird auch als Serendipity bezeichnet.

4. *Patchwork Quilt* – Partner einbinden: Partnerschaften werden mit denjenigen eingegangen, die an das Projekt und seine Zu-

kunft glauben. Beim Patchwork, deutsch Stückwerk, entsteht ein einzigartiges und belastbares Gewebe, das von der Vielfältigkeit des verarbeiteten Materials profitiert. Und weil FFF-Partner wie Family, Friends und Fools sich auch finanziell schon früh in das Start-up einbringen, wird die Unsicherheit reduziert.

5. *Pilot in the Plane* – Kontrolle statt Vorhersage: Effectuation heißt, sich auf das zu konzentrieren, was man selbst beeinflussen kann. Denn die Zukunft passiert nicht einfach so, wir können sie beeinflussen. Sie wird von uns gestaltet.

Wie ein Digital Leader diese Prinzipien der Effectuation anwendet, bestimmt auch seinen Erfolg mit seiner digitalen Transformation. Für die neuen Aufgaben benötigen Sie Mitarbeiter mit Persönlichkeitsmerkmalen und Skills, die nicht in einer herkömmlichen Stellenausschreibung zu finden sind. Wissen Sie, wer in Ihrem Team Stroh zu Gold spinnen kann? Wer mit geringen Mitteln erstaunliche Ergebnisse zaubern kann und wer Menschen dazu bewegt, auch außerhalb ihrer Zuständigkeiten Ihr Projekt zu unterstützen? Alles das ist bei der Digital Leadership Excellence entscheidend.

Lassen Sie den Shruggie ran

Verteilen Sie Aufgaben neu, stellen Sie Teams nach zeitgemäßen Kriterien zusammen, finden Sie gemeinsam Lösungen und bewerten Sie diese gemäß ganz unterschiedlicher Kriterien. Finden Sie dennoch keine passende Lösung, dann nutzen Sie Ihr Netzwerk. Fragen Sie bei Kollegen, Freunden oder in Foren, Facebook-Gruppen oder über Social Media nach, ob jemand eine vergleichbare Situation kennt und welche Erfahrungen er gemacht hat. Da kann es auch passieren, dass Ihnen niemand helfen kann. Es kann ja sein, dass Sie und Ihr Team tatsächlich nichts bewegen können. Anstatt sich zu grämen oder daran aufzuregen, wie schlecht das Systemen funktioniert, in dem Sie agieren, tun Sie das, was ein Digital Leader tut: Laden Sie »Shruggie« in Ihr Team ein.

Die Tastenkombination ¯_(ツ)_/¯ steht für ein Emoticon, das achselzuckend zur Kenntnis nimmt, dass man nicht alles wissen kann. Shruggie sagt lächelnd mit zur Seite geöffneten Armen: »Ich weiß es doch auch nicht!«

Seine fröhliche Ratlosigkeit steht im krassen Widerspruch zur klassischen Managerpflicht, alles zu wissen und zu bewerten. Oder zu allem eine dezidierte, unumstößliche Meinung zu haben. Diese Anforderung ist in Zeiten der digitalen Transformation nicht leistbar. Bleiben Sie also unbeschwert und den Fragen des Lebens gegenüber offen und positiv eingestellt.

Denn: Experten gibt es nur für die Gegenwart. Die Zukunft lässt sich nicht mit Werkzeugen aus der Vergangenheit gestalten. Die Werkzeuge von heute heißen: Haltung und Selbstermächtigung. Das ist die Empfehlung. Suchen Sie nicht nach dem Plan. Es geht auch nicht darum, *die* Haltung zu finden oder *die* Selbstermächtigung umzusetzen. Es geht darum, sich bewusst machen: Sie wissen nicht, was Sie sagen sollen? – Egal. Sie wissen aber, was Sie können, was Ihre Mitarbeiter können – und dass Sie bereit sind, sich auf neue Situationen einzustellen.

Ein selbst ermächtigter Manager sagt: »Wenn ich nichts zu sagen haben, dann erkläre ich das genau so meinem Team. ›Hört zu, so und so sieht es aus, die Unternehmensleitung plant das und das. Was es genau bedeutet, kann ich nicht sagen. Lasst uns darüber diskutieren, wie wir damit umgehen können.‹«

Das macht einen Chef nicht zum Vorangeher, nicht zum Allwissenden – aber eben zum Inspirator. Das macht ihn auch zum Moderator, der Wissen und Kompetenzen orchestriert. Der eben nicht den Weg bestimmen muss, sondern der die Suche nach einer Lösung initiiert. Das ist kein Gesichtsverlust. Das beschneidet nicht die Fähigkeiten als *Chef*. Und das ist vor allem kein Zeichen von Schwäche.

Wie lautet der Rat?

Ermächtigen Sie sich selbst. Wenn es keinen konkreten Plan gibt, gehen Sie damit um und beginnen Sie, mit Ihrem Team einen Plan zu entwickeln. Das ist Austausch, das ist Kommunikation – und plötzlich ist die Sprache wieder da.

Plötzlich zählt, was schon immer gezählt hat. Führen Sie Ihr Team mit gemeinsam gefundenen Visionen, sprechen Sie die Wege durch und setzen Sie dadurch Leistungsbereitschaft frei. Im Grunde hat sich doch nicht viel geändert. Oder?

Das ist ja das Dilemma. Angesichts der technologischen Revolution und der vielen neuen Begriffe wird oft der Anschein erweckt, dass es gelte, alles, was bisher gültig war, wegzufegen. Diese These stimmt vielleicht für einzelne nicht mehr zeitgemäße Produkte. Für etwas anderes stimmt dies nur bedingt: für Leadership.

Den Chef als Experten für alles, den Immer-eine-Antwort-Haber braucht es nicht mehr. Ein guter Leader zeichnet sich dadurch aus, dass er auf Augenhöhe agiert und seine Grenzen kennt. Dass er – auch die bisher versteckten – Expertisen im Team zu nutzen lernt und daraus eine Chance für alle orchestriert.

Das läuft heute oft unter dem Begriff »authentisch sein«. Authentizität wird oft missverstanden, weil Menschen meinen, *authentisch wirken* sei schon *authentisch sein*. So ist es nicht. Uns geht es tatsächlich um die eigene Haltung: Sagen Sie, wofür Sie stehen. Sagen Sie ehrlich, was Sie wissen und was nicht. Sagen Sie, was Sie denken. Und stehen Sie zu dem, was Sie sagen. Wenn Sie dabei noch technologische Innovationen zulassen – und das heißt nicht, dass Sie soziale Netzwerke im Detail verstanden haben müssen – und die technologischen Möglichkeiten ausloten, dann bahnen Sie sich Ihren eigenen Weg zur Digital Leadership.

Schauen wir noch einmal, welche Wege andere gehen. Wohin zieht es Andreas Jamm, CEO von Boldly Go Industries?

»Ein hierarchischer Führungsansatz wird die notwendige Innovationskraft nicht erzeugen«

(Andreas Jamm)

Interview mit Andreas Jamm, CEO von Boldly Go Industries

Andreas Jamm ist Gründer und CEO von Boldly Go Industries. Seit Mitte 2015 geht er, der vor rund zehn Jahren mit Freunden ein SAP-Beratungsunternehmen in Mainz gegründet hat, eigene Wege. Mit seiner neu firmierten Company Boldly Go Industries haben der Star-Trek-Fan und sein 40-köpfiges Team in Frankfurt ein schickes Loft bezogen und ein komplett neues Consulting-Design erstellen lassen. Die Organisationsstruktur steckt mitten im Change-Prozess. Alles soll anders werden. Mutig und entschlossen wollen Jamm und Crew der Zukunft entgegengehen und mit ihren Kunden den digitalen Wandel aktiv gestalten. Mit von der Partie sind Nicole, seine Ehefrau, und Kaspar, ihr Rhodesian Ridgeback. Nicole hat sich das Feelgood-Management auf die Fahnen geschrieben, um die neue Unternehmenskultur für alle spürbar und erlebbar zu machen. Die lichtdurchfluteten Büroräume von Boldly Go Industries sind nach allen Erkenntnissen der New-Work-Ära gestaltet – mit Open Spaces, Kommunikationsecken, Dachterrasse, Designerküche und Lounge-Bereich zum kreativen Entspannen. Das Loft soll ein besonderer Ort für Mitarbeiter und Kunden sein.

CEO Jamm weiß, dass es für seine Branche entscheidend ist, die Digitalisierung und ihre vielfältigen Auswirkungen auf die Welt zu verstehen und zu nutzen. Er hat daher neun Schritte für seine digitale Transformation identifiziert und ist dabei, seine Firma im Dialog mit den Mitarbeitern neu aufzustellen. So bald wie möglich will Jamm seine Vision von einer sich selbst steuernden Organisation, also einer Firma ohne Führungskräfte mit gleichberechtigten, eigenverantwortlichen Mitarbeitern, umgesetzt haben und dabei auch die Rolle des Geschäftsführers verändern: Künftig wird es seine Aufgabe sein, Raum und Zeit für die Aktivitäten der Mitarbeiter zu schaffen, ihre Innovationen zu fördern und ihnen als Vorbild zu dienen. Schon jetzt ist er das Gesicht des Unternehmens in der Öffentlichkeit, intern wird er bald ein Kollege wie jeder andere sein, der das tut, was gerade nötig ist. Zur Motivation der jüngeren Beratertalente will Jamm einen Start-up-Inkubator integrieren. Erste Schritte in Richtung Microenterprises und Hypervernetzung sind damit getan. Andreas Jamm ist davon überzeugt, auf dem richtigen Weg zu sein. Er glaubt an das Prinzip der Partizipation. Als CEO wird er in die Rolle des entschlossenen Leaders hineinwachsen, der seine Vision von einem hypervernetzen, hierarchiefreien Innovationshub umsetzt, in dem Technologie- und Beratungskompetenz innovativ gelebt und junge Talente im Start-up-Style gefordert und gefördert werden.

CEO Jamm ist ein besonnener, fast schüchtern wirkender Mensch, dem man es auf den ersten Blick vielleicht nicht zugetraut hätte, ein florierendes Beratungshaus mit 50 Mitarbeitern fünf Millionen Euro Umsatz im Vorjahr erfolgreich umzubauen. Doch der erste Eindruck trügt. Der SAP-Mann ist selbst ein erfahrener Berater, der seinen Kunden aufgrund seines fundierten Wissens und seiner Intelligenz auf Augenhöhe begegnet. Er kennt sich mit Organisationstheorien und Leadership-Modellen bestens aus, ist mit anderen innovativen Köpfen im SAP-Umfeld gut vernetzt. Doch weil er alles, was er tut, erst einmal in Gedanken durchspielt, haben ihm die Innenarchitekten von Boldly Go einen Spitznamen gegeben: »The Brain«. Auf dem Weg zu seinem Schreibtisch haben sie ein Gehirn auf den Boden malen lassen – es wirkt fast wie ein Tag (eine Signatur) aus der Sprayer-Szene. Auch sonst sind die Jamms eher urban unterwegs. Statt Anzug und Krawatte Bürohund und Casual Wear. Insignien dafür, dass das IT-Beratungshaus zu einem kreativen, nachhaltigen Innovationshub transformiert werden soll.

Herr Jamm, was bedeutet Digital Leadership für Sie?

Digital Leadership ist für mich keine Worthülse. Für mich als CEO gibt es zwei Leadership-Dimensionen: die des Visionärs, der das Unternehmen aus seinem organisatorischen Korsett befreit und auf eine höhere Ebene hebt. Und die Dimension der Person, die den Veränderungsprozess anschiebt. Im Unterschied zu einem klassischen Change-Prozess, bei dem in der Regel nur Abläufe und Zuständigkeiten verändert werden, kommt bei der digitalen Transformation eines Unternehmens hinzu, dass ein Produkt, das digitalisiert wird, auf einmal physisch weg ist. Außerdem erschließt sich nicht jedem, wie das mit den neuen Arbeitsformen und den digitalen Tools funktionieren soll. Eine digitale Transformation kann nur dann funktionieren, wenn sich alle Mitarbeiter und Führungskräfte auf diese neue Vision einlassen.

Als Gründer und CEO sehe ich mich primär als Impulsgeber und Innovator für meine Mitarbeiter und unsere Kunden. Wir haben uns auf den Weg in die Zukunft gemacht und eine Reihe von Maßnahmen umgesetzt, die auf unsere digitale Transformation einzahlen.

Welche Maßnahmen zur digitalen Transformation haben Sie bereits umgesetzt?

Von den nachfolgenden neun Maßnahmen haben wir bereits sechs gemeistert:

1. *Neue Marke:* Wir haben mit einer renommierten Markenagentur eine neue Markenstory erarbeitet. Mir ist es wichtig, dass wir uns mit unserer neuen Marke und den dahinterliegenden Werten emotional sehr stark identifizieren können. Die neue Marke muss eine Geschichte erzählen. Die vor uns liegende Transformation verlangt von uns mutiges Handeln. Auch die Zukunft unserer Kunden erwartet mutiges Handeln in agilen Zeiten. »Be bold«

ist für uns die neue Maxime. Wir möchten alle Themen, Prozesse und Veränderungen entschlossen angehen.

2. *Neue Location:* Für ein mutiges und innovatives Arbeiten braucht es auch einen entsprechenden Working Space. Ein für uns zentraler Beratungsansatz ist das Design Thinking. Hier gibt es drei zentrale Faktoren: die beteiligten Menschen, der iterative Prozess und die inspirierende Arbeitsumgebung. Für uns war klar, dass wir ein neues Büro mit den entsprechenden Möglichkeiten brauchten. In Zusammenarbeit mit einem Inneneinrichtungsteam haben wir eine Arbeitsumgebung geschaffen, die sowohl unsere Kunden als auch unsere Mitarbeiter inspiriert und motiviert. Für den optimalen Informationsfluss haben wir als zentralen Dreh- und Angelpunkt eine offene Kücheninsel installiert. Hier wird gemeinsam gekocht oder Kaffee getrunken.

3. *Feelgood-Management:* Identifikation und Leistungsbereitschaft hängen sehr stark mit der Zufriedenheit und den zwischenmenschlichen Beziehungen zusammen. Daher haben wir einen neuen Aspekt in unserer Organisationsentwicklung etabliert: den Wohlfühlfaktor. Hierbei geht es aber nicht um Entertainment und Bespaßung der Mitarbeiter. Vielmehr möchten wir eine neue Qualität im Miteinander und in der Teamorientierung erreichen. Es braucht offene Ohren für die persönlichen, individuellen Sorgen, aber auch gegenseitiges Verständnis für Ohnmacht und Zweifel, wenn man sich gemeinsam auf den Weg macht in eine unsichere Zukunft. Natürlich zählen auch Events und gemeinsame Erlebnisse dazu. Erfolge wollen gefeiert werden!

4. *Leitbildentwicklung:* Mit einem Leitbild entwickeln wir unsere wichtigsten gemeinsamen Prinzipien. Wie wollen wir miteinander umgehen? Oder: Wie behalten wir neben aller Freude die Leistungsorientierung im Auge? Um diese und ähnliche Fragen

beantworten zu können, bedarf es einer klaren und gemeinsamen Verabredung der für uns alle wichtigen Werte.

5. *Interne Veränderungsprojekte:* Um unsere Kultur und Werte nachhaltig mit Leben zu erfüllen, geben wir unseren Mitarbeitern den Freiraum, eigenverantwortlich interne Projektteams aufzusetzen, wichtige Themen zu bearbeiten und mitzugestalten. In diesen freiwilligen Teams werden auch Dinge besprochen, die die Mitarbeiter selbst betreffen, wie beispielsweise das Bonussystem. Mit diesen sich selbst organisierenden Projektteams sind die ersten Schritte in Richtung selbststeuernde und verantwortliche Organisation getan.

6. *Analyse der aktuellen emotionalen Situation der Firma:* Nach den ersten Schritten haben wir explizit in einer gemeinsamen Veranstaltung in freier Form den emotionalen Zustand thematisiert und beleuchtet. Folgt man der Theorie, dann fällt eine Organisation nach begonnener Veränderung in ein »Tal der Tränen«, bevor die Motivation wieder steil nach oben geht. Dieses Phänomen haben wir auch erlebt. Mit dem Umzug in das neue Büro und dem Leben mit der neuen Marke Boldly Go Industries verband jeder Einzelne eine persönliche Erwartungshaltung. Kumuliert ergaben sich hier sehr hohe Erwartungen an das System. Es war für uns in der Geschäftsführung wichtig, dass es einen Raum gab, in dem jeder aussprechen konnte, was ihm auf dem Herzen lag und was ihm missfiel. Für mich als CEO und Initiator war es teilweise schon sehr schwierig und schmerzlich, das auszuhalten und offen damit umzugehen. Später stellten wir fest, dass diese Ehrlichkeit allen gutgetan hatte und wir befreiter an die konkreten Veränderungsprojekte gehen konnten. Eines kam jedoch deutlich ans Tageslicht: der Wunsch aller Mitarbeiter nach noch mehr und zeitnaher Kommunikation mit mir als CEO.

7. *Neue Kommunikationswege und Spielregeln:* Uns war nicht bewusst, wie hoch das Kommunikationsbedürfnis der Mitarbeiter war und wie wichtig es ist, sie in die initialen Schritte der Veränderung einzubeziehen. Daher versuchen wir nun, mit neuen Formen und Ideen dem ausgeprägten Wunsch nach mehr Teilhabe und Information gerecht zu werden.

8. *Vision von der selbststeuernden Organisation:* Als Nächstes werden wir die Vision einer selbststeuernden Organisation diskutieren und betrachten, inwieweit wir dafür bereit und offen sind. Parallelen wollen wir hier zur Firma Gore ziehen, die bereits seit vielen Jahren ihre Innovationsstärke aus dieser Organisationsform zieht. Hier wird dann auch das Thema Leadership angepackt: Wie wollen wir zukünftig Führung leben?

9. *Perspektive für Mitarbeiter, die noch weiter ins Risiko wollen:* Parallel zur Organisation, die Mitverantwortung unterstützt und einfordert, wollen wir auch das Konstrukt eines eigenen Start-up-Inkubators betrachten, der unseren Mitarbeitern die Möglichkeit gibt, mit eigenen Ideen zu Unternehmern zu werden. So muss kein Mitarbeiter, der eine gute Idee hat, sich auf den schwierigen Weg der Selbstständigkeit machen. Und wir verlieren keine Kollegen.

Woran messen Sie den Erfolg Ihrer digitalen Transformation?

Zusammengefasst wird sich unsere unternehmerische Schlagkraft der Zukunft daran orientieren, inwieweit es uns gelingt, eine hohe Innovationskraft zu entwickeln, und wie wir es erreichen, unsere kreativen und motivierten Kräfte langfristig an uns zu binden. Unsere digitale Transformation stellt alle diese Erwartungen auf den Prüfstand und setzt sie in den Kontext zu den Herausforderungen, die die agile und disruptive Marktsituation mit sich bringt.

Wie reagieren Ihre Kunden auf den Prozess bei Ihnen im Haus?

Unser Konzept von Boldly Go Industries kommt sehr gut an. In den ersten Wochen dieses Jahres haben wir mehr Beratungstage verkauft als zu Beginn der vorausgegangenen Jahre.

Welches sind aktuell Ihre größten Herausforderungen?

Aktuell fehlt an einigen Stellen der echte Veränderungswille – gerade bei unseren internen Prozessen und beim Mindset der Mitarbeiter. Für uns als Consulting-Unternehmen im technologischen Umfeld ist es wichtig, dass wir selbst eine digitale Transformation durchleben und dabei Erfahrungen sammeln. So können wir aus unseren Change-Prozessen lernen und unser Beratungsangebot auf die Bedürfnisse unserer Kunden, die ja selbst vor einer digitalen Transformation stehen, optimal ausrichten. Viele Beratungshäuser schreiben sich einfach auf die Fahne, Begleiter der digitalen Transformation zu sein, haben aber nur Literaturwissen zu bieten. Das wollen wir anders machen.

Was fällt Ihnen zum Thema »Geschäftsmodell der Zukunft« ein?

Die Zukunft liegt in Wertschöpfungs*netzwerken*. Wir wollen weg von der Idee der Produkt- und Kosten-Nutzen-Optimierung – überhaupt weg von der Optimierung eines einzelnen Consulting-Hauses wie Boldly Go Industries. Wir wollen zukünftig Teil eines großen Netzwerks sein. Der Mehrwert liegt in der Verknüpfung von Produkten und Services über unsere Firma hinaus. Es geht um eine gemeinsame Wertschöpfung. Deshalb gehört es zu unseren Aufgaben, mit unseren Mitbewerbern zu sprechen – auch mit Freiberuflern, die uns Beratungshäusern aktuell das Geschäft wegnehmen. Wenn man sich unsere Arbeitswelt genau ansieht, dann steuert mittelfristig alles in Richtung freiberufliche Zusammenarbeit. Also müssen wir uns demokratisieren und offene Schnittstellen anlegen, damit wir schon jetzt dem überall benötigten Sharing-Gedanken gerecht werden. Die digitale Transformation fordert in letzter Konsequenz: raus aus dem Ich, rein ins Wir.

Warum setzen Sie zukünftig auf sich selbst organisierende Systeme?

Uns ist klar geworden, dass die klassischen Organisationsformen in Zukunft nicht mehr funktionieren werden. Ein hierarchischer Führungsansatz wird nicht die notwendige Innovationskraft erzeugen. Aktuell erlebe ich mein Team im Spagat zwischen lieb gewonnenen Attributen der Old Economy, wie Firmenwagen und Bonusregelungen, und Erwartungen der Generation Y in Bezug auf Work-Life-Balance, Elternzeit auch für Väter oder flexible Arbeitsmodelle. Ich bin fest davon überzeugt, dass unser Transformationsprozess nur dann gelingt, wenn alte Zöpfe abgeschnitten werden. Manager müssen Machtstrukturen loslassen und Mitarbeiter mehr Eigenverantwortung übernehmen. Gemeinsam diskutieren wir, was selbststeuernde Strukturen tun und wie unternehmerisches Handeln für Mitarbeiter funktionieren kann. Aktuell spüren wir gemeinsam die Kraft, den nächsten Schritt zu gehen und erste selbststeuernde Mechanismen zuzulassen.

Wie gehen Sie bei Ihren Umstrukturierungsprozessen vor?

Als wir Boldly Go Industries im Jahr 2015 gründeten, fingen unsere Bereichsleiter an, wie Landesfürsten zu regieren. Sie hatten überraschenderweise nur ihr eigenes Bereichsinteresse im Blick. Das hatte ich nicht erwartet. Deshalb schafften wir die Bereichsleiterpositionen schneller ab als geplant und reduzierten die Führungsebene auf ein Managementteam. Mein ursprünglicher Plan war, dass sich das Management gemeinsam um die digitale Transformation im Unternehmen kümmert, während ich den Start-up-Inkubator aufbaue. Doch es kommt immer wieder zu Machtkämpfen und Differenzen in Fragen der Unternehmensausrichtung, bei denen ich als CEO ständig als Mediator gefragt bin. Ich denke, wir werden früher als geplant den nächsten Schritt gehen und Boldly Go Industries erneut restrukturieren. Es wird auf jeden Fall eine Organisationsform ohne weitere Chefs. Das ehemalige Managementteam und die ehemaligen Bereichsleiter werden als »Themenleiter« ohne disziplinarische Verantwortung Mitarbeitergruppen zu bestimmten Themen moderieren und coachen.

Welche Fragen beschäftigen Sie aktuell in Bezug auf Ihren internen Change-Prozess?

Wie kommuniziere ich sinnvoll als CEO? Wie motiviere ich in meiner Funktion die Führungskräfte, die durch meinen Kurswechsel an Macht verlieren? Wie attraktiv ist ein weitgehend hierarchiefreies Organisationsmodell für Berater – in einem Umfeld, in dem sie es gewohnt sind, wie goldene Kälber angebetet zu werden? Wie kommuniziere ich die Idee, dass jeder Mitarbeiter aufgefordert ist, Eigenverantwortung zu zeigen, Lösungen gemeinsam mit anderen in selbst organisierten Teams zu finden und hoch motiviert zum Unternehmenserfolg beizutragen? Und: Was können wir noch tun?

Jeden Freitag veranstalten wir ein Stand-up-Meeting für die Mitarbeiter, bei dem der Status quo aller Projekte beschrieben wird, alle aufkommenden Fragen gestellt und neue Themen positioniert werden können. Wir versuchen, kleine Schritte zu gehen und Vertrauen aufzubauen. Wir setzen auf Transparenz. Doch Kommunikation kann nicht nur vertikal funktionieren. Menschen müssen sich auch inoffiziell und horizontal austauschen.

Gibt es eine besonders wichtige Erkenntnis?

Unsere wichtigste Erkenntnis aus der laufenden Transformation ist die enorme Bedeutung von Kommunikation in jede Richtung. Das haben wir anfangs unterschätzt. Uns ist klar geworden, dass es im Prozess der Veränderung deutlich mehr Kommunikation braucht und auch neue, gegebenenfalls unkonventionelle Kanäle genutzt werden müssen. Der Flurfunk hat hier eine ganz neue Dimension entwickelt. Die Führung muss sich darauf einstellen. Im Alltag ist das nicht immer leicht auszuhalten. Je mehr Transparenz entsteht und je mehr Menschen mitreden dürfen, desto größer wird ihr Gefühl von Macht. Sie denken nun, es stünde ihnen zu, dass der CEO sie über jedes Detail informiert und all ihre Probleme löst. Dieser Anspruch ist in einem sich selbst organisierenden System nicht vorgesehen. Auf einmal wird die Chance auf Mitbestimmung als Druckmittel gegen die Chefetage genutzt. Ist das berechtigt? Ich denke, wir sind jetzt an dem Punkt angekommen, an dem ich als CEO und Digital Leader sagen muss: Schluss mit dieser Aufregungskultur! Wir haben uns auf den Weg gemacht, unser Unternehmen mutig und radikal auf die neuen Herausforderungen der Digitalisierung der Welt auszurichten. Wer unsere Vision nicht teilt und den Erfolg nicht sieht, muss Konsequenzen ziehen. Verantwortung zu übernehmen heißt auch, sich auf unseren Weg einzulassen, der Zukunft positiv entgegenzusehen und mit uns weiterzugehen, auch wenn es steinig wird.

Wie sind Sie auf die Idee mit dem Start-up-Inkubator gekommen?

Innovative Köpfe möchten mit ihren eigenen Methoden erfolgreich sein. Sie wollen selbst auf C-Level agieren, innovativ und iterativ arbeiten, ihre Prototypen, sogenannte Minimal Viable Products (MVPs), in User-Gruppen testen, agil auf Feedback reagieren, Pivots vornehmen und sich bei allem selbst organisieren. Doch jungen Gründern mangelt es zumeist an unternehmerischer Erfahrung, an belastbaren Kontakten und nicht zuletzt an finanziellen Mitteln, um ihre Produkte und Geschäftsmodelle eigenständig zu entwickeln und am Markt zu etablieren. Deshalb wollen wir jungen kreativen Talenten bei Boldly Go Industries eine Chance geben, als Gründer zu arbeiten, und sie beim Wachsen unterstützen.

Neues Arbeiten: Wo sich Mitarbeiter gut aufgehoben fühlen

Warum Digital Leadership für Ines Gensinger nicht unbedingt eine Frage der technischen Tools ist – und was ihre 99-jährige Oma mit erfolgreicher Leadership zu tun hat.

Viele fürchten die Digitalisierung, weil sie damit Erreichbarkeit rund um die Uhr gleichsetzen: Die Mailbox ist nie lange leer. Fiepende, klickende, pingende Nachrichten-Geräusche, vereinzelt noch Telefonanrufe. Abends um 22 Uhr, am Wochenende, immer erreichbar. Arbeitnehmer sind in der Daueranspannung. Sie können jederzeit kontaktiert werden, überall auf der Welt. Das sorgt für massiven Stress. Sagen auch Arbeitnehmervertreter, die Politik, die Gesellschaft. Die Dauererreichbarkeit ist vielen ein Dorn im Auge, das Burn-out ist quasi vorprogrammiert.

Führungskräfte haben Angst vor dem »Digitalen«, weil sie denken, sie müssten ständig führen, 24 Stunden lang, ohne Ruhe und Innehalten; die Mitarbeiter wären dann dauergestresst, weil sie nie in Ruhe gelassen würden.

Ich glaube: Das zielt ordentlich daneben. Mit Digital Leadership haben diese Szenarien nichts zu tun. Ich arbeite bei Microsoft, bei einem der führenden Technologiekonzerne der Welt. Bei dem Unternehmen, das von Anfang an die Vision hatte, dass jeder mit einem PC ausgerüstet wird. Bei einem Unternehmen, das mit seiner Technologie die Organisation, die Vernetzung und die Kommunikation innerhalb von Unternehmen neu organisiert hat. Und heute jeden Menschen dazu befähigt, mehr zu erreichen.

Und doch bin ich – wie im Übrigen die meisten Führungskräfte bei uns im Haus – konsequent: Wir alle leisten viel zwischen 9 und 18 Uhr. Und dann ist es gut. Ab 18 Uhr melde ich mich nicht mehr bei meinen Mitarbeitern. Führung bedeutet für mich nicht, ständig nachzuhaken. Keiner soll seinen Arbeitsplatz mit dem unguten Gefühl verlassen, die Arbeit nicht hinter sich lassen zu können. Die Zeit nach der Arbeit steht nicht zur Disposition. Es ist eben nicht wahr, dass digitaler Wandel bedeutet: Wir sind die ganze Zeit am Gerät.

Keine Kontrollinstrumente

Auch das hat etwas mit Vertrauen zu tun. Agil zu sein heißt nicht, rund um die Uhr zu tippen. Agil zu sein heißt nicht, permanent das Tempo hochzuhalten. Agil zu sein heißt eben auch nicht, immer und jederzeit erreichbar zu sein und zu antworten. Agilität ist eine Haltung, keine Dienstverpflichtung. Stellen Sie sich doch einfach die Frage: Was habe ich als Führungskraft davon, wenn ich eine Mail um 21:47 Uhr versende und beobachte, wie lange der Mitarbeiter für eine Antwort benötigt? Wem nutzt das? Aus meiner Sicht ist das vor allem ein Kontrollinstrument – und daher ungeeignet, um heute Menschen zu führen. Es ist sicher auch Ausdruck mangelnden Respekts. Erwarte ich wirklich, dass meine Mitarbeiter rund um die Uhr auf meine Nachrichten reagieren?

Ich nicht. Dazu brauche ich im Übrigen keine Verbote und Einschränkungen von Arbeitnehmervertretungen. Es ist schlichtweg Ausdruck schlechten Führens. Und hat vor allem nichts mit Digital Leadership zu tun.

Wie ich Führungskraft geworden bin

Ich glaube auch, dass man gewisse Führungseigenschaften mitbringen muss. Ich habe als Studentin bei der Forschungsgruppe Wahlen

gearbeitet. Später habe ich dort noch als Studentin ein Team geleitet. Ich wollte Verantwortung übernehmen. In gewisser Weise wollte ich bereits da die Nase vorne haben. Aber ich hatte nie das Be-
dürfnis, mich vor meinen Mitarbeitern zu produzieren, lautstark
klarzumachen, was Sache ist, mit Repressalien zu drohen, ansons-
ten geschäftig zu tun und mich unnahbar zu geben. Das war noch nie
meine Vorstellung von Führen. Abgesehen davon glaube ich auch
nicht, dass diese mentale Abschottung heute funktioniert.

Was dagegen funktioniert, ist das Gespräch mit den Mitarbeitern.
Und dass ich ihnen das Gefühl gebe, dass ich nicht nur an meiner
Karriere interessiert bin, sondern eben auch an ihrer Karriere, an ihrem Vorankommen. Das kann man nicht vorspielen. Mitarbeiter haben dafür eine sehr feine Antenne.

Was mich jeden Morgen aufs Neue motiviert, sind die Kolleginn-
nen und Kollegen, die in meinem Team arbeiten. Einige habe ich
aus früheren Rollen weiterentwickelt, andere habe ich in den letzten
fünf Jahren eingestellt. Mich treibt an, daraus ein schlagkräftiges und
agiles Team zu bilden, das offen für neue Ansätze ist und sich untereinander vertraut.

So habe ich Kollegen als Praktikanten kennengelernt und sie
Schritt für Schritt als Volontär und Communications Manager entwickelt, was frischen Wind ins ganze Team gebracht hat. Gleichzeitig halte ich den Austausch zwischen den Generationen für zentral.
Wer in meinem Team Windows 95 gelauncht hat, bringt so viel Erfahrung, Gelassenheit und Ausdauer mit, dass gerade jüngere Kollegen (ich eingeschlossen) davon profitieren können. Vorbild sein, zu
seinen Werten stehen und handeln, das kann harte Arbeit sein und
zahlt sich insbesondere im Bereich Führung – und damit meine ich
echte Leadership – aus.

Der Austausch kann auch sehr klein sein. Ich habe mir zum Ziel
gesetzt, meinen Mitarbeitern das Gefühl zu geben, bei ihnen zu
sein. Und mit den technologischen Hilfsmitteln ist das heute einfacher denn je. Wenn die Kolleginnen und Kollegen auf Terminen

sind, wenn sie Presseveranstaltungen oder Konferenzen haben, dann sende ich eine knappe Nachricht, ein »Toi, toi, toi«, einen Glückwunsch, egal, wo ich mich gerade befinde, ob in Seattle oder München. Ich trage relevante Termine in meinen Kalender ein und schicke meine Nachrichten dann entsprechend.

Das Gefühl geben, dabei zu sein

Das ist nicht viel, gibt aber jedem das Gefühl, dass ich dabei bin. Stellen Sie sich vor, Sie haben einen Termin, der viel Vorbereitung gekostet hat. Sie sind etwas nervös, vielleicht ist es ein neues Format, Sie wissen nicht, ob alles klappt. Es gibt eine Präsentation, ein kritisches Publikum wartet auf Sie. Ihr Chef hat Ihnen zwar vermittelt, dass er sich von Ihrem Auftritt einiges verspricht. Aber seine Unterstützung ist sehr überschaubar. Er selbst hat andere Termine, ist auf Reisen und hat aus den Augen verloren, dass heute *Ihr* wichtiger Tag ist. Und dann findet die Veranstaltung statt, es läuft ganz gut. Doch eine Rückmeldung können Sie erst geben, wenn Ihr Chef wieder zurück ist, Ende der Woche oder so. – Nein. So geht das nicht. Man muss Mitarbeitern das Gefühl geben, dabei zu sein. Das gelingt mit einer kurzen Nachricht, für die man nicht mehr als eine Minute Zeit braucht.

Das ist ein Teil der Änderung – wenn man es nicht schon immer so gemacht hat. Aber betrachten wir es einmal so: Wir sprechen von Transformation und davon, dass und wie sich die Dinge ändern, technologisch, organisatorisch. Aber das ist nicht das Einzige, das sich ändert. Die Versuchung ist groß, Veränderung als etwas zu betrachten, das außerhalb von einem selbst passiert. Man passt sich halt an. Aber: Ich glaube, Anpassung ist zu wenig.

Wer in der digitalen Transformation bestehen will, steht in erster Linie vor einer Arbeit an sich selbst. Bevor ich glaubhaft von anderen Veränderungen einfordere, sollte ich mich selbst transformieren. Oder, damit das nicht so technisch klingt: Ich muss mir über mich im Klaren sein – und darüber, was ich kann und was mir fehlt. Denn je klarer ich für mich selbst bin, desto klarer bin ich für meine Mitmenschen. Das ist auch ein Rat dieses Buches: Klarheit schaffen.

Ich kann Ihnen hier kein Strickmuster vorgeben und Sie auffordern, sich exakt an die Vorgabe zu halten. Es geht nicht darum, Punkte abzuarbeiten, um der perfekte Digital Leader zu werden. Wer das erwartet, hat die digitale Transformation noch nicht verstanden. Wie die Entwicklung eines neuen Produkts, eines neuen Services ein iterativer Prozess ist, also ein schrittweiser Prozess aus Probieren, Feedback, Verwerfen, Neu-Probieren, Testen und so weiter, so ist auch der Prozess der Digital Leadership ein iterativer. Und dieser ist sehr individuell.

Feedback ist keine Selbstkasteiung

Wie kann ich ein Digital Leader sein, der mir entspricht? Was kann ich von anderen lernen? Wo habe ich blinde Flecken? Das sind keine unwichtigen Fragen. Vor allem nicht folgende Fragen: Wie digital bin ich schon? Wo liegen meine digitalen Superkräfte? Wie kann ich digitale Tools nutzen, um meine Leadership-Qualitäten zu optimieren? Auch dafür sollten wir Antworten finden. Ich empfehle, Antworten zum einen bei sich selbst zu suchen. Noch viel zielführender ist es, Antworten bei denen zu suchen, die Sie gut kennen: bei Ihren Mitarbeitern.

Bei Microsoft haben wir die Feedbackrunden eingeführt, die Mitarbeiterbefragungen, die zum Teil sehr offen sind, bei denen Mitarbeiter auch Kritik äußern dürfen. Nicht nur an Abläufen, sondern eben auch an meinem Verhalten als Führungskraft. Ohne dass ich mir das »merke«, ohne dass ich »sie Tage später so richtig vorführre«. Nein, normale Befragungen. Das ist wichtig. Und das ist für mich als Führungskraft keine Selbstkasteiung. Wenn ich mich einmal nicht richtig verhalten habe, muss ich mich nicht vor den Mitarbeitern in den Staub werfen. Es handelt sich schlichtweg um einen Fehler, den ich in Zukunft abzustellen versuche.

Läuft alles super? Wir sind doch nicht auf Instagram

Neulich habe ich einen Kollegen von einem anderen Technologiekonzern erlebt, der bei einer Podiumsdiskussion sehr offen gesagt hat: »Machen wir nicht alle auch Dinge falsch? Jeder macht doch Fehler, ich auch.« Das ist noch ungewohnt. Normalerweise treten Manager, gerade Kommunikationsmanager, sehr selbstbewusst in der Öffentlichkeit auf und signalisieren qua Jobbeschreibung: Wir haben die Dinge im Griff. Es läuft alles. Alles sieht gut aus. Aber einen Fehler einräumen? Nun, warum denn nicht? Ich halte das für einen wichtigen Schritt. Warum sollen wir uns alle gegenseitig immer etwas vormachen? Fehlerfrei? Faltenfrei? Läuft alles super?

Wir sind doch nicht auf Instagram. In sozialen Netzwerke, da erleben wir, wie makellos Menschen ihr Leben, ihr Aussehen, ihren Urlaub, ihr Essen, ihr Eingebundensein in Freundeskreise, ihre kulturellen Interessen inszenieren. Aber wie viel hat das mit dem echten Leben zu tun?

Man kann viel kaputt machen

Führungskräfte tun sich keinen Gefallen, wenn sie diese Instagram-Perfektion auf ihren Alltag übertragen und versuchen, die makellose Führung zu inszenieren. Und von den Mitarbeitern einfordern, dass sie ebenfalls ein perfektes Bild abgeben. Nein, das geht nicht. Zumal sie ja auch eine Verantwortung für junge Mitarbeiter, für Berufsanfänger haben. Ein Manager kann viel kaputt machen, wenn ihm jüngere Mitarbeiter anvertraut werden. Und ich erlebe gerade die jüngeren Mitarbeiter nicht weniger verunsichert als die älteren. Die Jüngeren, die mit den sozialen Netzwerken aufgewachsen sind, die es gewohnt sind, ein bestimmtes Bild von sich im Netz zu inszenieren, haben oft große Furcht, eine Entscheidung zu treffen. Es könnte eventuell nicht ins Bild passen. Die Entscheidung könnte falsch sein. Also grübeln sie oft sehr lange. Ohne Ergebnis, aber mit maximaler Verunsicherung. Und dann zeigt sich, dass die Jüngeren bei Weitem nicht so selbstbewusst und sicher im Leben stehen, wie viele der Älteren das glauben. Führung heißt daher, die Brücke zu bauen – und allen Mut zu machen.

Impulsgeber im Netzwerk

Jeder kann ein Digital Leader sein, das ist keine Herkulesaufgabe, keine neue Disziplin. Es hat immer damit zu tun, inwieweit wir bereit sind, Menschlichkeit zu zeigen. Die Technologie hilft einem sogar dabei, diese Menschlichkeit zu zeigen. Wir teilen mehr. Wir teilen Wissen, wir gestehen uns ein, nicht alles zu wissen. Wir knüpfen Netzwerke. Das haben wir schon immer getan. In der Vergangenheit waren es meist Männer, die im Hinterzimmer enge Netzwerke knüpften, die nicht genau sichtbar waren.

Heute entdecke ich, dass ich in meinem Netzwerk jemanden kenne, der wiederum jemanden kennt, der mir in einer Frage weiterhelfen kann. Eine Führungskraft benötigt fundierte Informationen und starke Allianzen. Dabei hilft ein belastbares und branchenübergreifendes Netzwerk, in dem die Führungskraft die Rolle des Impulsgebers übernimmt – aber eben nicht die Rolle des Allwissenden. Mit starker Meinung, mit vorzeigbaren Kompetenzen, nicht mit autoritärem Verhalten. Digital Leadership ist auf jeden Fall keine technische Frage, keine neue Software, keine App, die man sich herunterlädt und die dann funktioniert.

Oft bin ich mit Friktionen oder typischen Restriktionen konfrontiert. Dann heißt es beispielsweise: »Kein Budget, keine Nachbesetzung«. Ich hätte heute kein erfolgreiches Team, wenn ich hier nicht aktiv Veränderungen vorangetrieben und konsequent drangeblieben wäre. Ich muss immer wieder aufs Neue zeigen, welchen Beitrag wir als Kommunikatoren zu den Unternehmenszielen leisten. Das erfordert präzise Analysen und bedarf einer gesunden Selbstdisziplin. Vertrauen ist der Anfang von allem. Und da wiederum vertraue ich Niklas Luhmann, dem großen Soziologen. In seiner Definition ist Vertrauen ein Mechanismus der Reduktion von sozialer Komplexität. Gerade in unserer schnelllebigen, hochkomplexen Welt kommt die soziale Interaktion doch viel zu kurz, da hilft auch Social Media nicht weiter. Deshalb ist von einem Digital Leader hohe soziale Kompetenz gefordert. Und wie äußert sich diese soziale Kompetenz?

Ganz einfach: Indem man zuhört, sachlich bleibt und zu seinem Wort steht. Gerade an dem letzten Punkt liegt mir viel. Meine Ziele kann ich nur mit meinem Team im Rücken erreichen. Falsche Versprechungen, Talente verheizen und Überreden hilft nicht – vor allem nicht für einen langfristigen Werdegang. Ich weiß, dass ich nur weiterkomme, wenn ich Menschen für meine Ziele begeistere. Ich habe fünf Maximen meines Handels aufgestellt.

1. *Coach statt Chef.* Das klassische Bild eines Chefs, der top-down Aufgaben ver- und Befehle erteilt, ist überholt. Es gibt eine Reihe von Studien, unter anderem von TNS Infratest, wonach sich Mitarbeiter mehr Selbstbestimmung und Verantwortung wünschen. Aus meiner Sicht sind Digital Leader eher Mentor oder Coach, der mit Rat und Tat zur Seite steht.

2. *Teamgeist statt Einzelkämpfer.* Ein guter Coach handelt teamorientiert und immer im Sinne der Mannschaft – weil er sich als einen Teil von ihr versteht. Ich meine: Entscheidungen von Digital Leadern orientieren sich immer an der Überlegung, was alle voranbringt und wie die Zusammenarbeit verbessert werden kann. Individuelle Bedürfnisse dürfen sie dabei nicht außer Acht lassen. Der Teamgedanke bleibt aber ausschlaggebend.

3. *Interdisziplinäres Netzwerk statt abgeschotteter Silos.* Dank der Digitalisierung können Führungskräfte das Wissen und die Kreativität unterschiedlichster Personen zusammenbringen. Digital Leader haben die Aufgabe, genau dieses kreative Klima zu schaffen und den Austausch und Wissenstransfer zwischen verschiedenen Standorten, Fachbereichen und Hierarchieebenen zu ermöglichen.

4. *Prozess statt Aufgabe.* Noch vor wenigen Jahren wurde mit Führung vornehmlich das Delegieren von Aufgaben und das Prüfen der Ergebnisse assoziiert. Digital Leadership sollte sich aus meiner Sicht darauf konzentrieren, die Art, wie man heute zusammenarbeitet, zu verbessern: Prozesse und Transparenz statt Mikromanagement einzelner Aufgaben.

5. *Selbstkritisches Hinterfragen statt Allwissenheit.* Meiner Erfahrung nach ist die Grundhaltung eines Digital Leaders das beständige Hinterfragen des eigenen Selbstverständnisses. Führungskräfte der neuen Generation sollten vor allem die Fähigkeit mitbringen, sich schnell an den beständigen Wandel anzupassen und nicht nur zu reagieren, sondern proaktiv voranzugehen.

99 Jahre und ein Vorbild

Ich glaube, es gibt noch etwas, was eine Führungskraft zu einem guten Digital Leader macht, und das ist Resilienz. Auch eine Eigenschaft, die nicht neu ist, die aber in der digitalisierten Wert von hohem Wert ist. Ich nehme mir da immer meine 99-jährige Oma zum Vorbild. Diese Frau hat in ihrem langen Leben viele Rückschläge erlitten und viele Krisen gemeistert. Es ist bewundernswert, wie ein Mensch das alles wegstecken kann. Und mehr als das: Wie zuversichtlich ein Mensch sein kann, obwohl das Schicksal oft genug zugeschlagen hat. Das ist Resilienz. Der konstruktive Umgang mit Rückschlägen, Krisen und Tiefpunkten.

Es gibt Menschen, die Krisen besser durchstehen, Menschen, die nicht in ein tiefes Loch fallen – und die auch bei beruflichen Herausforderungen nicht aus der Bahn kippen. Menschen mit Resilienz kommen ganz offensichtlich schneller drüber hinweg. Sie leiden daran, das ist ja keine Frage, sie haben nur einen Weg, um das besser auszuhalten.

Sie verharren nicht an einem Tiefpunkt. Zugegeben, der Bogen ist etwas weit gespannt. Private Schicksalsschläge oder Todesfälle lassen sich nicht immer mit beruflichen Rückschlägen vergleichen. Aber im Prinzip geht es genau darum: dass eben viele nicht über einen Rückschlag hinwegkommen. Sie fühlen sich abgekoppelt von der digitalen Welt, sie glauben, sie seien in einer tiefen Krise, und verschanzen sich, haben nicht mehr die Zuversicht, Anschluss zu finden. Besonders problematisch ist das natürlich bei Führungskräften.

Die Frage ist: Lässt sich Resilienz lernen oder fördern? Wird man damit geboren? Die Wissenschaftsjournalistin Christina Berndt, die ein Buch über *Resilienz* geschrieben hat, sagt: Trotz großen Wohlstands, geringer körperlicher Belastungen und allerlei technischer Errungenschaften, die das Leben eigentlich leichter machen sollten, fühlen sich die Menschen ständig unter Druck. Hoch sind die Ansprüche an Schnelligkeit, Professionalität und Akkuratesse im Berufsalltag. Schnell kann da einer aus dem Raster fallen. Wenn es passiert, zeigen sich resiliente Menschen da stabiler. Sie beschönigen nichts, sie gehen konstruktiv mit Krisen um und wissen: Selbstschädliches Grübeln hilft nicht weiter.

Achte auf dich selbst

Resiliente Menschen können konstruktiv mit dem Druck umgehen. Sie glauben daran, dass es einen Weg gibt. Auch dieses Buch soll widerstandsfähig machen. Es will sie von dem Gedanken abbringen, die Digitalisierung werfe Sie in ein Loch, aus dem Sie nie wieder herauskommen, weil oben am Rand die Vertreter der Generation Y und Generation Z hocken, die Sie gleich wieder zurückschubsen.

Die amerikanische Psychologenvereinigung, die *American Psychological Association*, hat unlängst eine Art Anleitung zum Erlernen von Resilienz entwickelt. Das sind kleine Hinweise, mit denen Sie diese positive Eigenschaft stärken können. Im Grunde sind es Ratschläge, die auch von meiner Oma kommen könnten. Aber sie sind hilfreich und ein weiterer Baustein auf dem Weg zur Digital Leadership.

> ➤ Akzeptiere den Wandel als etwas, das zum Leben gehört.
> ➤ Betrachte Krisen nicht als unüberwindbare Probleme.
> ➤ Glaube an deine (realistischen) Ziele und dein Können.
> ➤ Treffe aktiv Entscheidungen und verlasse die Opferrolle.
> ➤ Sieh die Dinge aus einer langfristigen Perspektive.
> ➤ Baue soziale Beziehungen auf.
> ➤ Achte auf dich selbst.
> ➤ Denke positiv über dich.

Diese Leitideen helfen dabei, sich schneller von einem Schicksalsschlag zu erholen und positiv zu bleiben. Und darin sehe ich auch eine jener wichtigen Superkräfte für das digitale Zeitalter. Technisches Detailwissen ist wichtig in der digitalen Transformation, keine Frage. Zu den wahren »Superkräften« gehört aber eben auch konstruktive Selbstbetrachtung.

Kehren wir an dieser Stelle zu unserer Arbeit an der Digital Leadership Canvas zurück. Denn als Superkräfte im dritten Feld gelten die Merkmale, die Sie für Ihre persönliche Digital Leadership Excellence aus Feld 2 mitbringen. Ihre Leitfragen dazu lauten: Welche Aspekte von Digital Leadership Excellence lebe ich bereits? Welche meiner Vorstellungen, Werte, Kenntnisse und Fähigkeiten zeichnen mich als Digital Leader aus, der seine digitale Transformation meistern wird? Wer da eine klare Sicht hat, verhindert, dass die Digitalisierung einen beherrscht oder dass man sie verzweifelt ignoriert und möglicherweise den Job, zumindest aber seine Glaubwürdigkeit als Chef verliert. Wir wollen Ihre Superkräfte wecken, damit Sie die Digitalisierung für sich als Karrierebooster nutzen können.

Die Frage, die wir uns jetzt stellen, ist: Welche digitalen Superkräfte braucht man eigentlich, um eine Keksfabrik zu leiten? Fragen wir doch Anita Freitag-Meyer.

»Ich vertraue meinen Leuten, dass sie gute Entscheidungen treffen«

(Anita Freitag-Meyer)

Interview mit Anita Freitag-Meyer, geschäftsführende Gesellschafterin der Verdener Keks- und Waffelfabrik Hans Freitag

Sie wurde nie gefragt, ob sie die väterliche Firma übernehmen wollte. Doch nach einem kleinen Ausflug in den Journalismus war Anita Freitag-Meyer klar, dass sie eines Tages die Verdener Keks- und Waffelfabrik Hans Freitag leiten würde. Die unglaublich vielfältig vernetzte Firmenchefin ist beruflich auf Facebook und Twitter, privat auch auf Instagram aktiv. Ihr Engagement in den sozialen Netzwerken und ihre große Offenheit gegenüber Fans und Followern irritierten die Belegschaft anfänglich. Später bekam sie zum Geburtstag »Daumen hoch«-Kekse gebacken – und die Idee zu Anita's Own Likies war geboren.

Die Keks- und Waffelbäckerei Hans Freitag liegt in Verden, mitten in Niedersachsen. Der Familienbetrieb in dritter Generation besteht aus vielen kleinen und großen Gebäuden im ländlich-gewerblichen Stil. Die Keks- und Waffelbäckerei könnte auch eine Mischfuttermittelfabrik oder eine Molkerei sein. Die Chefin kümmert sich höchstpersönlich um den Kaffee und führt in ihr Reich. Im Grunde sind die Büros, in denen Vater und Tochter 13 Jahre lang Seite an Seite gearbeitet haben, ein riesiges Zimmer mit einer Trennwand. Ihre ehemalige Bürohälfte wird von einer dezent gestylten Sitzecke in asiatischer Lounge-Optik bestimmt. Im Zentrum der vormals väterlichen Seite befindet sich ein langer Konferenztisch. Und neben dem beeindruckenden Chefschreibtisch, an dem sie jetzt sitzt, steht in großen Lettern an der Wand zu lesen: Kekse.

Frau Freitag-Meyer, als Chefin sind Sie sehr sichtbar. Ihr Bild ziert jede Verpackung, die Sie unter Ihrer Hausmarke »Hans Freitag« in den Markt bringen. Sie begrüßen die Besucher auf Ihrer Firmenwebsite persönlich und sind auf fast allen Social-Media-Kanälen-aktiv. Wie passt das zur Inhaberin eines bodenständigen Familienbetriebs aus Niedersachsen?

Als ich mit dem Keksblog angefangen habe, sagten hier alle: »Oh Gott, oh Gott!«. Zu der Zeit zeigte man der Konkurrenz keine Produktionsfotos. Auch die Idee, dass Verbraucher die Produkte mitgestalten, war neu. Für unseren Mut haben wir allerdings 2012 den Deutschen Preis für Onlinekommunikation gewonnen! Mir macht Social Media Spaß. Ich lerne tolle Menschen kennen und komme mit Leuten in Kontakt, die mir sonst nie begegnet wären. Als Chefin sichtbar zu sein, steht für Transparenz. Ich bin keine Visionärin, habe keine Ideologie oder Social-Media-Philosophie. Ich gehe rein intuitiv vor. Eine Beraterin sagte kürzlich, ich sollte meine hohe Sichtbarkeit noch viel strategischer für die Vermarktung unserer Produkte einsetzen. Doch das wäre mir zu kommerziell. Mir würde wahrscheinlich der Spaß verloren gehen. Natürlich achte ich darauf, dass meine Privatsphäre gewahrt bleibt. Ich poste beispielsweise nichts über meine Familie. Früher habe ich auch privat sehr erfolgreich unter dem Namen »Mademoiselle Vendredi« (Fräulein Freitag) gebloggt. Ich hatte 4000 Likes auf meiner Facebook-Fanseite! Es gab Vermarktungsanfragen. Viele in Verden haben es gelesen und manch einer hat sich gefragt, wie viel meiner Zeit wohl für das private Bloggen draufgehen mag. Das kam in der Firma nicht so gut an. Also habe ich das Blog eingestellt. Ich lebe im Hier und Jetzt. Ich hab's gemacht. Ich habe mich ausgetobt. Jetzt weiß ich, dass ich es kann. (Lacht.)

Wenn Sie über Ihre Produkte sprechen, sind Sie mit Herz und Seele dabei …

Ich liebe meine Produkte und meinen Laden! Für mich ist das eine wichtige Facette von Unternehmertum. Ich sehe mich hier als Vorbild. Diese Verbundenheit möchte ich an meine Kinder weitergeben, die beide Interesse daran haben, die Firma weiterzuführen. Als Alleininhaberin möchte ich ihnen und ganz besonders allen jungen Frauen sagen: »Chefin zu sein, ist gut. Traut euch!« Ich habe drei männliche Prokuristen an Bord, einen für den Betrieb, einen für den Vertrieb und einen als kaufmännischen Leiter. Den einen habe ich von meinem Vater übernommen, die anderen habe ich gefördert. Damals habe ich mir noch keine Gedanken über Frauen in Führungspositionen gemacht. Bei uns arbeiten viele Frauen im Betrieb. Starke, mitarbeitende Frauen sind hier auf dem Lande ganz normal. Meine Mutter ist stark und auch meine Großmutter hat im Unternehmen eine große Rolle gespielt. Als Älteste von drei Töchtern war klar, dass ich die Nachfolgerin meines Vaters werde. Mein Vater hatte nie ein Problem mit Frauen in der Führung, wir haben immer auf Augenhöhe zusammengearbeitet. Aus der Sicht einer Chefin bin ich allerdings nicht für die Quote. Da lasse ich mir ungern reinreden. Aber inzwischen höre und lese ich viel darüber, wie schwer es in manchen Unternehmen für Frauen ist, ganz oben anzukommen. Heute würde ich meine Führungskräfte wohl nach anderen Kriterien einstellen.

Was ist Ihre Aufgabe als Chefin?

Das habe ich mich in den letzten Jahren auch gefragt. Heute bin ich 47 Jahre alt, die Unsicherheit ist weg, ich habe Krisen überlebt und Ängste überwunden. Heute weiß ich: Meine Aufgabe ist zu führen, Chefin zu sein. Diese Erkenntnis hat einen echten Aha-Effekt bei mir hervorgerufen: Führen ist eine Aufgabe. Die Leute hier sagen ja auch: »Ich gehe zur Chefin.«

Chefsein muss man erst einmal lernen. Unseren Betrieb gibt es in der dritten Generation. Mein Vater wusste das, hat mich deshalb Schritt für Schritt an die Aufgabe der Alleininhaberin herangeführt.

Nach meiner Ausbildung überschrieb er mir 10 Prozent der Firma und machte mich zur Geschäftsführerin. Und er hatte recht: Man entwickelt erst im Laufe der Zeit das Know-how, das Standing und das Selbstbewusstsein, das für so eine Aufgabe nötig ist. Meine Kinder sind beide starke Persönlichkeiten. Meine Aufgabe ist es nun, sie in die Unternehmensnachfolge zu begleiten. Ich bin gespannt, wie sie sich entwickeln werden. Sollte es nicht klappen, dann suche ich mir starke Partner, die die Firma in meinem Sinne weiterführen werden.

Wie führen Sie Ihre Mitarbeiter?

Bei uns zählt das Wort. Vieles passiert auf Zuruf. Wir haben keine große Meetingkultur und keine starren Hierarchien. Meine Mitarbeiter haben viel Entscheidungsspielraum. Jedes Team kann sich selbst organisieren. Da habe ich eine große Toleranz. Ich gebe gern ab und vertraue darauf, dass meine Leute gute Entscheidungen treffen. Wer Verantwortung bekommt, arbeitet besser und ist mit mehr Freude dabei. Das wird von meinen Mitarbeitern geschätzt.

In der Organisation betrachte ich mich als die Treiberin für Kulturwandel und Innovation. Ich bin diejenige, die für das Neue sorgen muss. Ich bin wie ein Leuchtturm, der von der Belegschaft hundertprozentige Rückendeckung erfährt, weil wir als modernes Traditionsunternehmen angesehen werden. Doch da es niemanden gibt, der mir sagt, was ich zu tun habe, entwickle ich mich einfach selbst weiter. Den Input hole ich mir aus Büchern und Seminaren.

Was inspiriert Sie?

Ich lese viel. Blogs, EDITION F, Saal 2 und rund 30 Zeitschriftentitel im Monat. Privat habe ich über 3500 Follower auf Instagram ... Ich brauche keine Muße, außer meine Spaziergänge mit den Hunden. Ich checke immer alles durch.

Haben Sie als eine Frau, die gern alles im Blick hat, Angst vor der Zukunft?

Nein, davor habe ich keine Angst! Unsere technische Produktion und die Verpackungstechnologie werden digital gesteuert und sind auf dem neuesten Stand. Jeden Tag liefern wir zig Lastzüge Rohstoffe an, damit wir auf unseren 60 Meter langen Backstraßen täglich bis zu 130 000 Kilogramm Kekse produzieren können. Gegessen wird immer – und der Mensch tut sich gern etwas Gutes. Die Volatilität der Rohstoffmärkte sind wir gewöhnt und dass Ausschreibungen bis auf die vierte Stelle nach dem Komma berechnet werden, ist unser Tagesgeschäft. Natürlich macht die zunehmende Unverbindlichkeit von Kundenkontakten keinen Spaß. Früher hat mein Vater seine Kunden noch zum Abendessen zu uns nach Hause eingeladen, das meine Mutter persönlich zubereitet hat. Unsere Geschäftskontakte waren auch menschlich eine absolute Bereicherung. Heute dürfen wir ja noch nicht einmal einen Kugelschreiber verschenken. Aber wir sind hier in der Region perfekt eingebunden. Immer wenn einer etwas braucht, rufe ich »Hier!«. Klar brauchen wir vor allem den Handel als Mittler. Aber das geht allen in unserer Branche so. Ich weiß nicht, ob sich unsere Industrie durch die fortschreitende Digitalisierung stark verändern wird.

Wie krisenresistent ist Ihr Unternehmen?

Vor ein paar Jahren hatten wir metallische Körper im Mehl. Da mussten wir bestimmte Chargen zurückrufen. Das war eine echte Krise. Aber statt eines Shitstorms im Web haben wir einen Candystrom erlebt. Unsere Follower haben uns sehr unterstützt. Sogar Foodwatch hat uns gelobt für unsere perfekte Krisenkommunikation. Ich vertraue darauf, dass wir auch weiterhin gemeinsam mit unseren Mitarbeitern, Händlern, Kunden und Fans die Zukunft meistern werden.

Wofür steht in Ihrer Branche Innovation?

Bei uns ist auf jeden Fall Innovation als Marketingtool gefordert. Die Einkäufer auf den Messen wollen immer etwas Neues sehen. Auf der letzten Süßwarenmesse hatte Katjes als erstes Unternehmen einen 3-D-Drucker für Süßwaren vorgestellt. Wir entwickeln ständig neue Produkte wie die ganz neue vegane Keks-Serie »Fit for Fun«. Wir haben kürzlich den Trend »Einhörner« spontan und sehr erfolgreich umgesetzt. Auch unsere Kekse in Form der beliebtesten »Emojis« sind ein Renner. Da haben wir auf die richtige Idee gesetzt. Aber in unserer Branche floppen 80 bis 90 Prozent der neuen Produktideen. Das ist wohl auch eine Art der Fehlerkultur. Mit dem Risiko des Misserfolgs umgehen zu können und nicht aufzugeben, gehört in unserem Geschäft dazu.

Wie sind Sie auf die Idee gekommen, die »Likies« zu produzieren?

Das hat sich unsere Belegschaft ausgedacht. Sie wollte mir zum 44. Geburtstag etwas schenken, was mir gefallen könnte. Da haben die Mitarbeiter Daumen-hoch-Kekse gebacken und sie mir mit einem Gruppenfoto geschenkt. So nach dem Motto: »Wir finden Sie klasse. Weiter so!« Ich habe dann eine Nacht wach gelegen und überlegt, ob ich mich trauen kann, sie in Serie zu bringen. Ich bin das Risiko eingegangen. Die Verpackung für »Anita's Own Likies« hat sich unsere Designerin ausgedacht. Wir haben dann abgewartet, ob und wie Facebook reagiert. Kurz vor Weihnachten bestellte das Unternehmen 30 Packungen der Likies. Da scherzte hier jemand: »Die sind bestimmt für die 30 Anwaltskanzleien, die jetzt die Rechtelage prüfen.« Bis April 2015 kam nichts. Dann bat Facebook uns, eine kleine Änderung auf der Verpackung vorzunehmen. Das war's!

Netzwerk schlägt Hierarchie

Warum Digital Leader ein Netzwerk brauchen und wie Sie das aufbauen. Und warum dieses Netzwerk wichtiger ist als eine Hierarchie.

Setzen wir unsere Arbeit mit der Digital Leadership Canvas fort. Jetzt nähern wir uns einem entscheidenden Punkt: dem Abschied vom Exklusiv- und Herrscherwissen. Die Verarbeitung der Fülle an Informationen schafft kein Gehirn mehr allein. Die neuen Fragestellungen erfordern unkonventionelle Lösungen. Diese Aufgaben zu bewältigen wir nur im Netzwerk. Netzwerk schlägt Hierarchie. Genau dieses Denken macht den Digital Leader aus.

In Feld 4 fragen wir uns: Bin ich ausreichend vernetzt, um ein Problem zu lösen, um Antworten für Erfolg in der Zukunft zu finden? Das ist die zentrale Frage.

Es ist nun mal so: Erfolgreiche Unternehmen sind heute in vernetzten Strukturen organisiert. Starre Hierarchien haben als alleinige Entscheidungsebenen weitgehend ausgedient. Führungsaufgabe ist es heute, die Potenziale der Mitarbeiter zu entfalten und die Kompetenz und das Wissen zu vernetzen. Neue Produkte und Dienstleistungen sind inzwischen meist das Ergebnis guter Vernetzung. Das zeigt der Erfolg vieler Start-ups, die sich vom Start weg als vernetzte Organisation begreifen. Deshalb ist das auch eine entscheidende Frage auf der Canvas: Wie steht es um das Netzwerk? Und wie knüpfen Sie effektiv ein stabiles Netz? Sicher ist: Das Netzwerk ist die wichtigste Ressource eines Digital Leaders. Wenn Sie online und offline gut vernetzt sind, werden Sie gehört, gesehen, man folgt Ihnen, weil man Ihnen und Ihren Eigenschaften und Kompetenzen vertraut, weil Sie ein Vorbild sind. Einfach so?

Mit Twitter eine persönliche Agenda verfolgen

Als Digital Leader sind Sie dann erfolgreich, wenn Sie sich eine professionelle Reputation aufbauen. Dies funktioniert einerseits über fachliche Anerkennung, andererseits aber auch darüber, wie sehr sich Menschen mit Ihren Ansichten identifizieren und wie sehr sie Ihre Persönlichkeit bewundern. Spätestens seit sich US-Präsident Donald Trump die Wählergunst und die Deutungshoheit der »Wahrheit« ertwittert hat, verstehen Leader auf der ganzen Welt, wie mächtig die direkte Kommunikation über soziale Medien sein kann.

Wer über den Kurznachrichtendienst die Aufmerksamkeit seiner Stakeholder gewinnt, hat eine wesentlich höhere Autorität als jemand, der sich vornehm zurückhält und die Öffentlichkeitsarbeit offiziellen Sprechern und Medien überlässt. Schon Anfang der 2010er-Jahre galt Twitter als Königsmacher – es war die wichtigste Social-Media-Plattform, wenn es um News, Topinformationen und Meinungsbildung geht. Twitter ist perfekt für Menschen geeignet, die eine persönliche Agenda verfolgen, aber über wenig Zeit verfügen.

Bevor man in umständlichen Mails oder missverständlichen Messages seine Kommunikationsprofis gebrieft hat, die vielleicht nicht reagieren, weil sie im Meeting sitzen, schon Feierabend haben oder das Thema als nicht so dringend ansehen, setzt man lieber schnell einen Tweet ab. Nach unternehmenseigenen Angaben wird Twitter zu 80 Prozent mobil und live genutzt. Menschen twittern von Konferenzen, Preisverleihungen und aus der Airport-Lounge. Sie chillen kurz am Smartphone, dabei schießt ihnen ein Gedanke durch den Kopf, den sie mit der Welt teilen wollen, bevor es mit ihrem streng durchgetakteten Businesslife weitergeht. Genau der richtige Moment für einen spontanen Tweet. Die 140-Zeichen-Posts lassen sich gut scannen, die Suchfunktion bei Twitter funktioniert – eine maximale Reichweite ist also garantiert.

Und: Twitter zieht kaum Strom, denn ursprünglich als Alternative zum Sprechfunk für Taxibetriebe programmiert, wurde sichergestellt, dass die App auch bei schlechtem Netz aufrufbar ist. Auf der Social Media Week in Hamburg hat einst ein Kommunikationschef erzählt, wie Twitter seinem Hund das Leben gerettet hat. Dieser wurde im Urlaub in einer verlassenen Gegend von einer giftigen Schlange gebissen. Was tun? Man hatte kaum Netz, nur Twitter funktionierte noch. Also forderte er mit einem Tweet seine Follower auf zu googeln, was er jetzt tun sollte. Sie haben die lebensrettenden Maßnahmen über Twitter geschickt.

»Disrupter in Chief«

Einflussreiche Menschen wie Tesla-CEO Elon Tusk oder T-Mobile USA-CEO John Legere bauen sich vor allem per Twitter ganz systematisch eine digitale Reputation auf und werden von ihren Followern wie Popstars gefeiert. Der unkonventionelle, aber effektive Legere lässt sich 2017 auf dem Titel der Februar-Ausgabe von *Seattle Business* als »Disrupter in Chief« feiern, was er natürlich sofort seinen knapp 3,6 Millionen Followern mitteilt. Nur dieser Post allein hat knapp 440 Likes und fast 70 Retweets erhalten. Diese traumhaften Interaktionszahlen erzielen normalweise nur IT-CEOs aus dem Valley, Schauspieler oder TV-Showmaster. Jeder, der gesehen oder gehört werden möchte, meldet sich auf Twitter an, dem Kanal, der trotz der anhaltenden Unternehmenskrise am meisten von Medien- und Kommunikationsexperten genutzt wird. Damit ist die digitale Reputation zum Schlüssel zum Erfolg von Managern avanciert.

Es hilft der Reputation

Warum twittert ein Wirtschaftsboss Fotos vom World Economic Forum in Davos? Damit er zeigen kann, mit welchem politischen Schwergewicht er gerade einen Power-Talk führt. Ein wichtiger Rat an alle, die auf Kongressen oder Fachkonferenzen sprechen: Legen Sie sich vorher einen Twitter-Account an. Heute ist es üblich, dass Teilnehmer über Twitter berichten, was auf einer Veranstaltung gesagt wird. Je häufiger der Vortragende erwähnt wird, desto größer ist sein Einfluss. Diese Art des Kuratierens, also des Auswählens und Hervorhebens von Informationen, dient dem Reputationsaufbau. Wenn Sie also Keynote-Speaker sind und kein Twitter-Handle (dt. Twitter-Namen) haben, outen Sie sich schon einmal als nicht ganz auf der Höhe der Zeit.

Es gibt CEOs und Digital Leader, die nur deshalb bei Twitter angemeldet sind, damit sie benachrichtigt werden, wenn man sie auf Twitter erwähnt. So beispielsweise Virginia Rometty, CEO von IBM, eine der einflussreichsten Frauen in der Tech-Branche. Die Informatikerin aus Chicago zählte bei ihrem Amtsantritt bei IBM 2012 zu den 100 einflussreichsten Menschen der Welt. Ihrem Twitter-Account @GinniRometty folgen 20 100 Accounts, obwohl sie seit ihrer Anmeldung 2011 keinen einzigen Tweet abgesetzt hat und keinem einzigen Twitter-Account folgt.

Im Schnitt drei Tweets pro Tag

Weil Twitter in den letzten Jahren wegen massiver Managementfehler an Credibility verloren hat, ist das Ranking von Top-CEOs, die twittern, ein wenig aus der Mode gekommen. Zuletzt hat das *Fortune Magazine* 2014 eine Liste veröffentlicht, der zu entnehmen ist, welche CEOs von den Fortune-500-Unternehmen auf Twitter aktiv sind. Die Nummer eins war 2013 @RalphLauren, der damals durchschnittlich drei Tweets pro Tag an knapp 1,8 Millionen Follower verschickte. An die zweite Stelle twitterte sich @JeffImmelt, der Account von Jeff Immelt mit knapp 45 000 Twitter-Followern. Auf seinem Profil beschreibt er sich als »Chairman & CEO of @GeneralElectric. Working to invent the next industrial era and help build, power, move and cure the world«.

Tweet ohne »Auto« – und das als Automanagerin

Mary Barra von General Motors, als @mtbarra auf Twitter aktiv, verfügt über ein exzellent geschriebenes Profil mit 26 000 Followern: »Chairman and CEO of @GM. Working with an outstanding team to redefine the future of personal mobility. Engineer, STEM education supporter, Camaro enthusiast«. Wie bei Jeff Immelt ist auch ihr Profil-Pitch perfekt: Als echter Digital Leader arbeitet sie gemeinsam mit ihrem hervorragenden Team daran, die Zukunft der persönlichen Mobilität neu zu definieren. Sie ist Ingenieurin, unterstützt eine MINT-Initiative und liebt den Sportwagen Camaro. Weil sie das Wort »Auto« nicht verwendet, hat sie sich als ein Leader definiert, der zukunftsgewandt ist. Die Profil-Botschaften der zitierten CEOs sollen auch in der Belegschaft gut ankommen. Deshalb wurden Formulierungen gewählt, die wertschätzend, positiv und engagiert sind.

Jeder Mitarbeiter von GE oder GM kann sich kommunikativ eingebunden fühlen und auf seinen CEO stolz sein. Und so lernen wir, dass Digital Leader die Möglichkeiten der sozialen Netzwerke auch dafür nutzen, ihren in der Welt verstreuten Mitarbeitern näher zu sein. Über Social Media können sie ihre Botschaften an alle und dennoch an jeden einzeln schicken. Im Web gibt es keine Hierarchieschranken mehr. Wenn die Botschaften authentisch sind und mit einfachen Worten und auf Augenhöhe kommuniziert werden, wächst ihre digitale Reputation – und damit auch der globale Einfluss.

Aus Fehlern eine Strategie ableiten

Der New Yorker Modeunternehmer Kenneth Cole hat 2011 mit einem »witzig« kuratierten Tweet über seine neue Modekollektion und den Arabischen Frühling in Kairo unter dem Hashtag #cairo einen ungeahnten Shitstorm losgetreten, weil er die Grenzen der politischen Korrektheit überschritten hatte: Mittlerweile hat er sich von seinem Social-Media-Fail erholt und aus der bitteren Erfahrung eine konsequente Kampagnenstrategie entwickelt. Heute wirbt Kenneth Cole für seine Kollektionen mit sozialem Engagement. Um den Bogen von Fashion zu Social hinzubekommen, nutzt die Firma in ihren Kampagnen auch Wortspiele. Beispielsweise *heel* (dt. Absatz) und *heal* (dt. heilen) in Bezug auf das aus seiner Sicht unterstützenswerte Krankenversicherungssystem Obamacare.

Seit einigen Jahren betreibt Cole zum Schutz seiner Firma den privaten Twitter-Account @mr_kennethcole, dem knapp 220 000 Menschen folgen. Seine Profilbeschreibung lautet: @mr_kennethcole »Designer, Aspiring Humanitarian, Frustrated Activist, Social Networker in training. My tweets are not representative of the corporate @kennethcole feed«. Die Formulierungen »frustrierter Aktivist« und »sozialer Netzwerker in Ausbildung« zeugen von der Kommunikationskunst eines demokratischen Fashion-Darlings und First Mover auf den sozialen Medien, der als einer der ersten Unternehmer einen heftigen Shitstorm erlitten hat.

Mit Chefbotschaften punkten

Wie in der Offline-Welt, so wird auch im Virtuellen von einem CEO erwartet, dass er Hauptlieferant von Unternehmensbotschaften ist. Über Social Media lassen sich Chefbotschaften gezielt in internen und externen Netzwerken teilen. Menschen schreiben denjenigen, die in den sozialen Netzwerken stark präsent sind, eine hohe Leadership-Kompetenz zu. Sie werden als Experten angesehen, von Medien interviewt und als Speaker gebucht. Sie sind die wahren Markenbotschafter. Deshalb steht es einem CEO gut zu Gesicht, wenn er sich bei seinen Followern erkenntlich zeigt. So wie @ThomasRabe, Chairman und CEO von Bertelsmann in Gütersloh, der Anfang

2016 folgende Nachricht twitterte: »I am very grateful for the confidence placed in me by the Supervisory Board – looking forward to the next five years as Chairman & CEO!« Je nach Persönlichkeit der Führungskraft sind die Social-Media-Posts auch unterschiedlich privat. Keksfabrikantin Anita Freitag-Meyer teilt ihren Followern mit, welche Bücher sie gerade liest, in welchem Regal sie ihre Kekse findet und bei welchem Netzwerk sie aktiv ist. Das liegt nicht jedem, dafür muss man ein Gespür besitzen. Auch sollte man Chefs nicht zwingen, mit ihren Stakeholdern zu kommunizieren. Dann wäre der Dialog mit Fans und Followern zum Scheitern verurteilt. Es muss aus einem selbst kommen, mit einer gewissen Überzeugung, denn – Sie wissen es bereits – das Geheimnis der Social-Media-Kommunikation ist Authentizität.

Der großen Twitter-Euphorie der letzten Jahre folgte vielerorts eine leichte Twitter-Müdigkeit. Erst @realDonaldTrump hat mit seiner Twittermania die Macht der global verschickten Kurznachrichten wiederbelebt. Über Twitter droht der US-Präsident Unternehmen, Staatenlenkern und Bundesbehörden Konsequenzen an, wenn diese nicht seinen Vorstellungen gemäß agieren. Diese Unerschrockenheit, die sehr authentisch rüberkommt, imponiert durchaus.

Auch wenn bei Trump zumindest präsidiale Grenzen überschritten werden, seine Tweets durchaus Sicherheitsrisiken bergen, oft auch beleidigend sind, so zeigt sich: Wenn man gut vernetzt ist, lässt sich mit Social Media viel bewegen. Es müssen ja keine verletzende Trumpismen sein.

Einfluss statt Autorität

Frank Appel beispielsweise, Vorstandschef von Deutsche Post DHL, hat Anfang 2017 deutsche Unternehmer und Politiker aufgerufen, im Internet aktiver zu werden. Auch er selbst erwäge, künftig persönlich Twitter-Botschaften zu versenden. Manager, die über Twitter bekannt werden, werden zu Influencern. Wird dieser messbare Social Score erzielt, wirkt er sich positiv auf Karrierechancen und die Gehaltsverhandlungen aus. Twitter-Executive Frederique Covington Corbett beispielsweise erhielt die Auszeichnung, Asiens einflussreichster Chief Marketing Officer zu sein.

Im Sommer 2016 ist Twitters Marketing Director International in Singapur als Senior Vice President und Head of Marketing zu Visa Singapore gewechselt. Eine Karriereschritt, der sich für die auch in Deutschland bekannte Vortragsrednerin gelohnt haben dürfte. Denn nur wer sichtbar ist, bekommt heutzutage Einfluss und damit Erfolg. Wenn diese Erfahrung in Workshops von Christiane Brandes-Visbeck über Social Media und Leadership erörtert wird, bittet der Geschäftsführer spätestens in der Mittagpause seine Marketingchefin, ihm eine persönliche Facebook-Fanseite einzurichten. Oder er meldet sich selbst bei Twitter an. Weil er verstanden hat, dass ein Digital Leader nur eine Option hat, um nachhaltig erfolgreich zu sein: »Einfluss statt Autorität«.

Im Zeitalter des Trotzdem

Und doch: Social Media Fame ist kompliziert. Uns geht es jetzt nicht um juristische Aspekte oder die Frage, wer in Ihrem Unternehmen für das Haus sprechen darf. Wenn Sie sich einen privaten Social Media Account anlegen und an die Social Media Guidelines Ihres Unternehmens halten, dürfte das Thema unproblematisch sein. Nein, wir meinen den Umgang mit der Onlinekommunikation zum Reputationsaufbau an sich. Denn erfolgreiche Social-Media-Akteure werden gnadenlos gehasst oder geliebt. Es gibt Medienschaffende wie Christoph Keese, die sich von Twitter und Co. zurückziehen, weil ihnen die Zeit und die Geduld für die Auseinandersetzungen mit schwierigen Followern fehlen. Vor allem, wenn sie in einer Branche wie den Medien unterwegs sind, die stark im öffentlichen Interesse steht. Da wird gedisst und gehatet, das steht nicht jeder durch.

Das sollte – trotz allem – nicht davon abhalten, die Möglichkeiten der digitalen Kommunikation nicht nur für den Job, sondern auch für den persönlichen Reputationsaufbau strategisch zu nutzen. Wer kein kommunikatives Naturtalent ist, tut sich mit Social Media zunächst schwer. Digitale Neuzugänge outen sich als langsam und zögerlich. Wenn sie vorsichtig erst einmal nur mitlesen, bevor sie den ersten relevanten Post absetzen, haben sie schon vieles richtig gemacht. Jeder Kanal hat seine eigene Tonalität. Nicht umsonst beschweren sich Digital Natives in Unternehmen darüber, dass ihre Chefs und Kollegen im Alter von 50 plus häufig nichts, aber auch gar nichts von der schnellen, prägnanten digitalen Kommunikation verstehen.

Mutig an Relevanz gewinnen

Vielen Führungskräften, die sich mit den neuen Kommunikationsmöglichkeiten auseinandersetzen, die sich also bei Twitter anmelden, mal einen Beitrag für das Firmenblog schreiben oder auf ein Innovationsfestival gehen, fehlt allerdings der lange Atem für den eigenen digitalen Reputationsaufbau.

Erfolgreich sind auf Twitter und Facebook nur diejenigen, die mutig kommunizieren und regelmäßig Stellung beziehen. Wenn Leader der Welt etwas mitteilen wollen, muss es auch relevant sein und ihre Follower emotional herausfordern. Wer das verstanden hat, mit seinen Followern aktiv kommuniziert und seine Beiträge auf dem eigenen Kanal teilt, wird viele Follower und damit an Relevanz gewinnen.

Klar, es wird Menschen geben, die Ihren strategischen Reputationsaufbau nicht gern sehen. Aber die gibt es in der Offline-Welt auch. Nicht jeder wird bei Rotary oder in Industrieklubs aufgenommen. Auch dort benötigen Sie Insider als Empfehler und Fürsprecher. So ist das auch in den sozialen Medien. Sie brauchen neben vielen Fans und Followern vor allem Influencer, also Meinungsführer in Ihrem Segment, die Sie dabei unterstützen, so »wichtig« zu werden, dass Ihnen auch der Chefredakteur eines wichtigen Branchenmagazins oder leitende Angestellte aus anderen Betrieben in Ihrer Branche folgen.

Nicht die Chance auf die Poleposition verspielen

Als Führungskraft bei einem Konzern oder mittelständischen Betrieb haben Sie es theoretisch leichter, sich virtuellen Zugang zu Influencern zu erarbeiten, als beispielsweise ein Blogger, der mit seinem Laptop auf der heimischen Couch sitzt und sich über viele Jahre tagaus, tagein unentgeltlich die Finger wund tippt, um eine vorzeigbare Follower-Base aufzubauen. Denn Sie bringen bereits einen gewissen Status mit, und dieser hat auch im Netz Gewicht. Als sogenannter Hidden Champion haben Sie eher Senkrechtstarter-Potenzial als jemand, der auch offline keinen großen Namen hat. Also machen Sie sich mit den kommunikativen Usancen der Social-Media-Welt vertraut, gehen Sie auch mal auf einen Fachevent, wo Sie Ihre wichtigen Follower live erleben können. Damit Sie nicht aus Versehen Ihre Chance auf die Poleposition verspielen.

Aus der Sicht derjenigen, die ihr Leben lang Brücken gebaut haben zwischen innovativ agierenden und traditionell denkenden Menschen, möchten wir hier – frei nach Sascha Lobos Rede auf der re:publica – für ein »Trotzdem!« plädieren: Ja, es ist mühsam, sich in den sozialen Medien zurechtzufinden und sich auf diesen Kanälen einen Namen zu machen. Ja, es gibt dort ein paar Schreihälse zu viel. Es gibt Chatbots und andere Spammer, Stalker und Abstauber. Es gilt, dem etwas Vernünftiges entgegenzusetzen. Wenn Sie ein Digital Leader sein wollen, müssen Sie sich vernetzen, auch und gerade über soziale Medien. Bereichern Sie also die Welt mit dem, was Sie zu sagen haben, zeigen Sie Haltung, kommunizieren Sie auf Augenhöhe und werden Sie so eine profilierte Persönlichkeit in Ihrem Segment.

Mit Social Media zur digitalen Persönlichkeit

Was also machen Social-Media-affine Menschen richtig? Genau: Sie lassen sich nicht beirren. Sie machen einfach das, was sie für angemessen empfinden, ohne nach rechts und nach links zu schauen oder sich am Mitbewerber zu orientieren. Jeder Mensch sollte herausbekommen, wie er tickt, was ihn ausmacht und wofür er steht. Bei der reflektiven Selbsterkenntnis hat Ihnen die Digital Leadership Canvas bereits gute Dienste erwiesen: Wer sich selbst kennt, ist auch eine erfolgreichere Führungskraft. Und ein besserer Kommunikator. Soziale Medien bieten die optimale Chance, mit Menschen in den Dialog zu treten und das eigene Netzwerk in alle Richtungen auszubauen. Wenn eine Marke oder ein Unternehmen langfristiges Vertrauen beim Verbraucher genießt, liegt das auch an ihrer Führung. Und als Führungskraft eines Unternehmens, die öffentlich sichtbar ist, wirken Sie aktiv an der Markenführung mit.

Sie repräsentieren das Unternehmen. Wenn Sie als Chef sympathisch wirken, zahlt das auf die Marke ein. Wenn Führungskräfte authentisch bloggen, twittern, facebooken oder instagrammen, erreichen sie sehr viele Menschen und erhöhen damit ihre soziale Reputation. Menschen bewundern Entscheider, die sich online wie offline nahbar zeigen, sie werden zu treuen Fans. Mit diesen Fans können Sie aktiv kommunizieren und so ungefiltert erfahren, was sie bewegt. Agile Start-ups agieren beispielsweise so. Die Gründer sind von Anfang an mit dem Ohr am Markt. Sie entwickeln ihre Unternehmenskultur und ihre Produkte mit Blick auf ihre Zielgruppe, die fragt: »What's in it for me?« Diese Art von Leader, die User Experience nutzen und wertschätzen, danken auf ihren Start-up-Blogs und über soziale Medien all jenen, die einen Beitrag dazu geleistet habe, die ihr Produkt erfolgreich gemacht haben. Von dieser Kultur der öffentlichen Dankbarkeit können Sie auch lernen. Sie ist keine Schwäche, sondern eine Stärke. Servant Leadership liegt nicht jedem. Doch sie schafft eine zufriedene Umgebung und liegt deshalb aktuell hoch im Kurs.

Reputation ist das, was Menschen über Sie denken

Wie Sie in den Köpfen der Menschen bleiben, wie Sie das steuern, was in den Köpfen bleibt (Feld 5), und dazu noch das »Kleine Einmaleins der digitalen Kommunikation« beherrschen.

Reputation? Ja, auch das können Sie lernen. Denn, ganz ehrlich, was wissen Sie tatsächlich über Ihre Reputation (das ist das, was man über Sie sagt, wenn Sie den Raum verlassen haben) und den Erfolg Ihrer Produkte? Lesen Sie heimlich Tweets oder Foreneinträge? Bleiben Sie nach einem Vortrag zum zwanglosen Austausch mit dem Publikum? Wenn Sie unkompliziert und schnell wissen wollen, was man über Sie oder Ihr Unternehmen denkt, dann sollten Sie sich bei den sozialen Medien umsehen. Da können Sie mehr über sich und Ihr Unternehmen erfahren und lernen, was zukünftige Mitarbeiter, Kunden und Netzwerkpartner wirklich suchen und brauchen. Womit wir bei Feld 5 unserer Canvas wären und bei der Frage, wie andere Ihre Fähigkeiten als Leader wahrnehmen.

Mit diesem Canvas-Feld können Sie schöne Erfahrungen machen. Nachdem Sie in Feld 2 und 3 angegeben haben, welche Merkmale aus Ihrer Sicht zu Ihren bemerkenswerten Führungseigenschaften gehören, geht es in Feld 5 um die Wahrnehmung der anderen. Dieser Perspektivenwechsel ist entscheidend. Eine »gute« Führungskraft reflektiert das Feedback anderer, um ihre persönlichen Leadership Qualities zu optimieren. Als Digital Leader möchten Sie wissen: Womit motiviere ich meine Follower? Warum unterstützen sie mich? Welche meiner Vorstellungen, Werte,

Kenntnisse und Fähigkeiten zeichnen mich aus ihrer Sicht als Digital Leader aus?

Dieses Feld ist hervorragend dafür geeignet, um zu einem späteren Zeitpunkt mit Ihrem Team ins Gespräch zu kommen. Fragen Sie jeden Einzelnen, wie er Ihre Leadership-Qualitäten erlebt und ob diese aus seiner Sicht zukunftsweisend sind. Sorgen Sie für eine wertschätzende Atmosphäre, damit eventuell geäußerte Kritik aushaltbar und annehmbar ist. Geben Sie sich gegenseitig Feedback. Sie werden sich wundern, wie viele tolle Fähigkeiten und Kenntnisse hier zusammengetragen werden und wie positiv sich die gegenseitige Anerkennung auf den Team-Spirit auswirkt. Das motiviert zum Weitermachen.

Sind Sie der sympathische Influencer?

Bedenken Sie dabei: Mitarbeiterverträge, Kooperationen oder Kaufentscheidungen werden nicht nur wegen eines technischen oder finanziellen Vorteils getroffen, sondern auch, weil die Menschen, die dahinterstehen, sympathisch, kompetent oder digital affin rüberkommen. Wenn ein Mensch in der Öffentlichkeit als Digital Leader und sympathischer Influencer wahrgenommen wird, wirkt dieses Prinzip umso besser. Fast alle Unternehmen, die Digital Natives gut finden, haben einen digital affinen Community- oder Social-Media-Manager, Online-Marketingleiter oder einen Innovation Evangelist, mit dem die Community virtuell vernetzt ist und der auch offline überzeugt.

Bleiben Sie in den Köpfen der Menschen

Es ist viel einfacher, sich an eine beeindruckende Persönlichkeit zu erinnern als an ein Produkt. Bauen Sie sich zur digitalen Marke auf. Dafür brauchen Sie neben Ihrem Status als Digital Leader und einer gewissen digitalen Kompetenz noch eine Besonderheit, die Sie als Mensch interessant macht: Sind Sie ein begnadeter Hobbykoch oder E-Surfer? Unterstützen Sie eine MINT-Initiative oder setzen Sie sich für die digitale Ausbildung an einer Schule in der Nähe ein? Fördern Sie die Berufswege von Frauen oder Migranten in Ihrem Unternehmen? Finden Sie irgendetwas, das Ihnen Spaß macht und Ihrem Wertesystem entspricht, und tauschen Sie sich öffentlich über das Thema aus.

Denken Sie praktisch

Netzwerken ist nichts anderes, als offline wie online ganz entspannt Kontakte aufzubauen und zu pflegen. Netzwerken ist so leicht, schnell gemacht und zeigt eine große Wirkung. Wie Anita Freitag-Meyer es im Interview formulierte: »Business passiert von Mensch zu Mensch. Egal in welcher Branche. Egal bei welchem Produkt. Die harten Fakten können noch so relevant sein, am Ende ist es doch oft so, dass der sympathischere Partner den Zuschlag bekommt.«

Es geht also auch um das, was man neudeutsch Social Selling nennt. Sie verkaufen sich als wertvollen Kontakt zu Ihrem Unternehmen. Das ist genau das, was Sie in Ihrer Funktion als Führungskraft auch bewerkstelligen müssen. Sie begrüßen Ihre besten Kunden persönlich, gehen mit wichtigen Handelspartnern einen Happen essen, trinken mit gut vernetzten Politikern ein Bier oder verabreden sich mit einem einflussreichen Wirtschaftsjournalisten zum Kamingespräch. Denn Unternehmenskommunikation, Einkauf und Akquise sind und bleiben Chefsache. Im Zeitalter der Digitalisierung und Globalisierung kommt noch der virtuelle Austausch über Social Media hinzu: Sie sitzen an der Bar und unterhalten sich mit jemandem, der auf derselben Konferenz war wie Sie. Später checken Sie den Konferenz-Hashtag auf Twitter, faven ein paar Tweets über den Event und posten ein begeistertes Dankeschön an das Veranstaltungsteam.

Wenn Sie kompetente und sympathische virtuelle Spuren hinterlassen, sichern Sie damit Ihren Einfluss. Das macht Ihren Job etwas sicherer. Und die Chance, einen neuen zu finden, deutlich höher.

Das kleine Einmaleins der digitalen Kommunikation

Wenn Sie sich jetzt fragen, wie Sie diese vielen Anforderungen in Ihren Alltag integrieren können, wird es Zeit für ein kleines Einmaleins der digitalen Kommunikation in Form eines Listicles:

> Planen Sie täglich zweimal zehn Minuten für Ihre Onlinekommunikation ein.

> Bringen Sie Ihr Xing- und/oder LinkedIn-Profil auf den neuesten Stand und fragen Sie Ihr Team, wie Sie sich noch besser aufstellen können. Vernetzen Sie sich dort nach und nach.

> Melden Sie sich bei Twitter, Facebook und Co. mit Ihrem Klarnamen an. Das ist wie eine virtuelle Visitenkarte, die Ihnen vielleicht später so manchen interessanten Kontakt einbringt. Folgen Sie Menschen, die in Ihrer Branche wichtig sind, die Innovationen teilen oder die Sie aus anderen Gründen interessant finden.

> Lesen Sie die Posts anderer nicht nur, sondern liken oder faven Sie jene, die Sie interessant finden. Im ersten Schritt brauchen Sie also gar nicht selbst zu posten. Um in der digitalen Welt sichtbar zu werden, reicht diese Maßnahme zunächst aus. Damit werden Sie gesehen, ohne dass Sie Angst haben müssen, sich zu blamieren. Folgen Sie Ihrem gesunden Menschenverstand.

> Nutzen Sie das kollektive Wissen und bitten Sie um Unterstützung. Suchen Sie beispielsweise Mitarbeiter, Dienstleister oder

Fachartikel zu einem bestimmen Thema? Fragen Sie Ihre Follower. Sie werden sich wundern, wie viele Tipps zurückkommen!

➤ Posten Sie Angenehmes, Ärgerliches oder Lustiges aus Ihrem Alltag auf Social Media. Immer dann, wenn Sie Zeit dafür haben oder es zum Anlass passt. Gern gesehen sind Sonnenauf- und -untergänge, Landschaften von unterwegs sowie interessante Charts von Konferenzen. Lustig sind Vertipper, verkorkste Texte oder Hunde im Büro. Bei Ärgerlichem dürfen Sie sich lediglich über Bahnen und Flieger beschweren. Alles andere geht gar nicht. Damit haben Sie die »Social«-Komponente von Social Media mehr als erfüllt.

➤ Sollten Sie erwähnt oder angesprochen werden, liken Sie den Post, wenn er sympathisch ist. Unsympathisches wird erst einmal ignoriert. Später können Sie den User gegebenenfalls auch blocken. Wenn Sie sehr nett sein wollen, antworten oder kommentieren Sie. Das adelt den Empfänger sehr.

➤ Zeigen Sie echtes Interesse. Wenn Sie jemanden auf Social Media spannend finden, verabreden Sie sich auch zu einem persönlichen Treffen. Fragen Sie nach dem Befinden, seien Sie offen und ehrlich interessiert. Mit dem persönlichen Kennenlernen entsteht eine emotionale Ebene, auf die Sie bauen können.

➤ Werden Sie aktiv. Besuchen Sie Branchenevents. Innovative Veranstaltungen finden Sie auf der App Meetup oder auch bei Facebook. Twittern Sie dann live: Posten Sie das, was Sie spannend finden, drücken Sie dem Veranstalter Ihren Dank aus oder wünschen Sie, wenn Sie verhindert sind, allen einen schönen Tag. Wenn man Sie durch Ihre Sichtbarkeit auf den sozialen Median besser kennt, werden Sie möglicherweise als Speaker angefragt. Dann gilt: Immer zusagen und nicht nur die übliche Firmenpräsentation vortragen. Lassen Sie sich etwas Originelles einfallen!

Und denken Sie immer daran: Das Internet vergisst nichts. Nutzen Sie Social Media dann aktiv, wenn Sie wissen, was Sie tun! Twittern Sie niemals, wenn Sie nicht klar denken können oder abgelenkt sind. Denn selbst gelöschte Posts lassen sich irgendwo wiederfinden. Leider.

Insgesamt lässt sich sagen, dass es auch beim Netzwerken auf die sinnvolle Verknüpfung von Menschen aufgrund ihrer Interessen und Werte ankommt. Es liegt an Ihnen, ob und mit wem Sie sich vernetzen. Es liegt an Ihnen, ob und wie viel Zeit Sie investieren, ob diese Verbindungen zu einer Datenautobahn werden oder ein kleiner Trampelpfad bleiben. Digital Leader können dann Einfluss nehmen und damit Erfolg ernten, wenn sie ihr Handeln erläutern, ihre Strategie offenlegen und mit allen, die am Unternehmenserfolg beteiligt sind, hierarchiefrei kommunizieren. Wenn sie mitteilen, was sie bewegt, was sie sich von ihren Aktivitäten erhoffen und was sie umtreibt. Mit dieser Transparenz holen sie sich die Zustimmung aller Stakeholder inklusive der Öffentlichkeit ab, die sie benötigen, um die digitale Transformation erfolgreich zu meistern. Das erfordert Mut, soziale Kompetenz, Durchhaltevermögen und die Gewissheit, dass sie sich auf ihre Follower verlassen können.

Netzwerk statt Hierarchie funktioniert nur, wenn Sie als Digital Leader den Einfluss bekommen, den Sie brauchen, um mit der Unterstützung aller in fremde Galaxien zu ziehen. Schaffen Sie sich ein großes Netzwerk und gestalten Sie Ihre Zukunft gemeinsam mit Ihrem Team!

»Um die Chefs aus der Hölle wird es einsam«

(Sabine Bendiek)

Interview mit Sabine Bendiek, CEO von Microsoft Deutschland

Sabine Bendiek interessiert sich für neue Technologien ebenso wie für Menschen. Mit Energie, Neugier und ihrer Gabe, ganz unterschiedliche Menschen auf ihren Reisen ins Neuland mitzunehmen, hat sie eine beeindruckende Karriere absolviert. Das IT-Traditionshaus Microsoft hat sich schon so oft neu erfunden, der Wandel ist fast schon ein Markenzeichen.

Darauf kann Sabine Bendiek aufbauen. Sie setzt gezielt Akzente in der Öffentlichkeit, sucht den Austausch mit digital arbeitenden Influencern auf Fachmessen, der Internetkonferenz re:publica und dem Ada Lovelace Festival für Frauen.

Frau Bendiek, wir führen dieses Interview virtuell. Bitte beschreiben Sie Ihre Umgebung für uns: Wo sind Sie, während Sie diese Fragen beantworten, und womit schreiben Sie Ihre Antworten auf?

Momentan sitze ich an meinem Schreibtisch im ersten Stock unseres #OfficemitWindows, wie unser neues Büro in München-Schwabing heißt. Hier haben auch meine Kolleginnen und Kollegen aus der Geschäftsleitung ihr Basislager: keine Trennwände, keine Einzelbüros – Offenheit als Prinzip. Im Augenblick ist es recht ruhig, sodass ich hier an meinem 2-in-1-PC mit der Beantwortung Ihrer Fragen starte. Falls es voller wird, ziehe ich mich in einen unserer

Glaskästen zurück. Direkt hinter mir ist einer frei. Und der Umzug mit so einem Laptop-Tablet ist ein simpler Handgriff.

Welche digitalen Collaboration-Tools und Social-Media-Kanäle nutzen Sie? Welche mögen Sie am liebsten?

Bei Microsoft haben wir ja eine Vielfalt an Tools, mit denen Menschen privat und beruflich gut zusammenarbeiten können. Meine persönlichen Favoriten sind Skype for Business, die Notizen-App OneNote und das Social-Intranet Yammer. Skype for Business ist mein mobiles Büro, egal wo ich mich aufhalte und welches Endgerät ich zur Hand habe. Darüber laufen meine Businessmeetings und Video-Calls. Wir können Präsentationen oder Tabellen teilen, zeitgleich daran arbeiten oder auch mal kurz per Chat Zwischenfragen stellen, ohne gleich ein Meeting anzuberaumen oder einen Kollegen aus dem Takt zu bringen. Und weil diese Art der Kommunikation so schnell und unkompliziert ist, wird bei uns jeder angechattet – auch die Chefin.

OneNote ist mein Notizbuch und meine Gedächtnisstütze, worüber ich Informationen, Berichte und Ideen jederzeit festhalten und teilen kann.

Und schließlich Yammer, der Social-Kanal von Microsoft, den wir auch inhouse nutzen. Viele Kollegen schätzen den transparenten und dialogischen Austausch darüber. Ein großer Teil meiner digitalen Kommunikation läuft über Yammer oder wird darüber geteilt. So auch mein regelmäßiges internes Video-(B)Llogbuch, wozu jeder sofort einen Kommentar schreiben oder Feedback geben kann. Inzwischen mag ich das sehr.

Wie läuft die digitale Transformation bei Microsoft ab? Gibt es Ziele, eine Mission oder eine Vision, die sich Microsoft Deutschland auf die Fahnen geschrieben hat und die sich auf das Führen von Teams auswirken?

Bill Gates hatte vor rund 40 Jahren die Vision, einen PC auf jeden Schreibtisch zu bringen. Damals wurde er dafür belächelt. Heute sind weltweit allein rund 1,5 Milliarden Windows-PCs im aktiven Einsatz. Darauf aufbauend hat unser aktueller CEO Satya Nadella unsere Mission für das 21. Jahrhundert formuliert: Unser Ziel ist, jede Person und jede Organisation auf diesem Planeten zu befähigen, mehr zu erreichen. Das ist ein klares Bekenntnis dazu, den Einzelnen, das Team und die Organisation mit immer besseren Produkten und Lösungen zu unterstützen. Uns allen ist klar: Technologien liefern hier »nur« eine Grundlage. Gleichzeitig bedarf es der Fähigkeit der Unternehmen, Voraussetzungen dafür zu schaffen, dass Führungskräfte und Mitarbeiter diese Möglichkeiten im Alltag auch optimal anwenden können. Da geht es mitunter auch viel um Kulturwandel im Umgang miteinander.

Wir leben diesen Wandel durch den Einsatz der digitalen Werkzeuge, aber vor allen Dingen in der Art, wie wir miteinander arbeiten. Was uns wichtig ist: Wir verfügen in der gesamten Breite der digitalen Transformation über unzählige Produkte, sehr viel Wissen und noch mehr Ideen, ob in der produktiven Zusammenarbeit von Wissensarbeitern oder in der Unterstützung/Identifikation innovativer Businessmodelle. Wir von Microsoft haben uns auf die Fahnen geschrieben, in Deutschland einer der wichtigsten Treiber des digitalen Wandels oder, wie wir sagen, des machbaren »digitalen Wirtschaftswunders« zu sein.

Im Herbst 2016 sind Sie in die neue Zentrale von Microsoft Deutschland in München-Schwabing eingezogen. Leben Sie hier vielleicht #NewWork in Deutschland vor?

In Schwabing leben wir vor, welche Chancen Digitalisierung und moderne Formen der Zusammenarbeit für Unternehmen, Mitarbeiter, aber auch für die Wirtschaft insgesamt bringen. Mehr Mobilität ist das erste wichtige Stichwort: Ein #DigitalesWirtschaftswunder beginnt damit, dass Organisationen sich neu erfinden, Teams besser zusammenarbeiten, einzelne Mitarbeiter die Freiräume, Orte und Zeit finden, wo sie am produktivsten sind. Dafür bieten wir in Schwabing unterschiedliche räumliche Konzepte. Die starre Formel von zwei Quadratmeter Schreibtisch pro Kopf mit etwas Stauraum gilt nicht mehr. Stattdessen setzen wir auf Vielfalt, auf ansprechende Arbeitsbereiche und Konferenzzonen für unterschiedliche Arbeits- und Teamsituationen. Zum Konzept gehört aber auch, dass Mitarbeiter – wenn sie wollen – von unterwegs oder eben von zu Hause aus arbeiten und die Zentrale als Treffpunkt nutzen.

Offenheit ist das zweite wichtige Stichwort: In Schwabing sind wir sichtbarer und erreichbarer für die Bevölkerung. Wir haben Publikumsbereiche wie etwa die »Digital Eatery«, die öffentlich zugänglich ist. Hier können Besucher und Gäste gemeinsam etwas trinken, essen, sich unterhalten und dabei auch die neuesten Microsoft-Technologien ungezwungen ausprobieren. Sie sind erfolgreich, kommen gut mit Menschen zurecht und arbeiten gern mit digitalen Kommunikationsmitteln, was ja gut zu Microsoft passt.

Welche Ihrer Persönlichkeitsmerkmale, Erfahrungen, Fähigkeiten und Kenntnisse mögen zu Ihrer Berufung als CEO von Microsoft Deutschland beigetragen haben?

Das müssen die Kollegen beurteilen, die sich für mich entschieden haben. Ich selbst empfinde mich als neugierig, begeisterungsfähig, verfüge über eine gewisse Intensität, wenn es um das Bohren dicker Bretter geht, und bin sehr beharrlich. Und ich habe die Fähigkeit, Menschen mit auf die Reise zu nehmen, ob Kunden oder Mitarbeiter. Was vielleicht auch für mich als Kandidatin gesprochen hat: Ich habe relativ viele, sehr unterschiedliche Stationen durchlaufen, die mir viele verschiedene Perspektiven gegeben haben. Ob das nun meine Anfänge bei Nixdorf Computer, meine Ausbildung am MIT, die Beraterzeit bei McKinsey, Venture-Capital-Erfahrung bei Earlybird oder die Zeit bei Dell und die Cloud-Transformation bei EMC waren. Dadurch kann ich ganz unterschiedliche Perspektiven auf den technologischen Wandel einnehmen, der inzwischen alle Branchen erfasst hat. Microsoft gehört zu den wenigen IT-Unternehmen, denen es gelungen ist, sich immer wieder neu zu erfinden. Mitunter direkt, manchmal über Umwege – aber am Ende absolut fokussiert. Ich glaube, wir passen gut zusammen.

Microsoft entwickelt, produziert und vertreibt Technologie, die die digitale Kommunikation von Menschen unterstützt. Wie verändert die zunehmende Digitalisierung unsere Kommunikationsgewohnheiten und -formen? Wirken sich diese Veränderungen auf unser Denken aus?

Unsere Kommunikation wird zwangsläufig schneller, direkter und dadurch auch tendenziell hierarchieloser. Das spüren klassische Medien genauso wie Wirtschaftsunternehmen. Deutungshoheit lässt sich nicht mehr monopolisieren. Die Digitalisierung fordert rasche Entscheidungen – von jedem Mitarbeiter, nicht nur vom Vorstand. Das kann nicht intern ausgesessen werden. Der Druck kommt von außen: Schon heute sehen sich über 60 Prozent der Unternehmen mit stark veränderten Kundenanforderungen konfrontiert. Jede zweite Kaufentscheidung wird in Deutschland durch soziale Netzwerke beeinflusst. Bei den 18- bis 34-Jährigen sind es sogar schon über zwei Drittel! Deshalb müssen Unternehmen in Echtzeit wissen, wie und wo ihre Kunden Entscheidungen treffen. Vernetzte Kunden erwarten vernetzte Unternehmen. Das verändert natürlich die Art und Weise, wie Firmen über ihre Geschäftsprozesse nachdenken und ihre Mitarbeiter befähigen, sich intern wie extern mit den Kunden zu vernetzen. Aber wie bei allem im Leben: Auch hier gibt es zwei Seiten. Bei aller Schnelligkeit und Verlockung des Likens, Twitterns und Postens: Wer sich regelmäßig im digitalen Bewusstseinsstrom bewegt, sollte auch bewusst wieder daraus auftauchen und sich Phasen der digitalen Enthaltsamkeit gönnen. Das gilt beruflich wie privat – darauf müssen Chefs wie Mitarbeiter selbst achten.

Stichwort »Selbstführung«. Gibt es einen Führungsstil oder eine Führungsmaxime, mit der Sie sich von unzeitgemäß handelnden Topmanagern unterscheiden? Welche Erfolge haben Sie mit Ihrer Leadership erzielt?

Im Zeitalter der Digitalisierung und der geringeren Halbwertszeit erfolgreicher Geschäftsmodelle wird es um »Chefs aus der Hölle« zwangsläufig einsam. Wer seine Mitarbeiter so behandelt, als hätten sie beim Betreten des Gebäudes ihr Hirn an der Garderobe abgegeben, darf sich nicht wundern, wenn sie genau das tun. Und damit gehören Motivation, Engagement, Mit- oder besser Vordenken und der Mut, neue Wege auszuprobieren, nicht mehr zur Unternehmens- oder Abteilungskultur.

Wer seine Belegschaft für etwas begeistern will, dem muss es gelingen, Veränderung als etwas Richtiges, Wichtiges und fundamental Notwendiges und Beständiges zu verankern. Je intensiver Mitarbeiter in Change-Prozesse eingebunden werden, desto leichter gehen sie vonstatten. Ohne diese Kultur wäre mir in den letzten vier Jahren der Wandel bei EMC vom Speicher- zum Cloud-Anbieter wesentlich schwerer gefallen. Ich bin überzeugt: »Führungskraft« ist keine Planstelle, sondern eine Position, die man sich verdienen muss. Vor allem bei den Menschen, die wir führen. Sie wählen sich ihre Führungspersönlichkeit. Ich persönlich freue mich, wenn Leute, mit denen ich arbeite, ihren Weg gehen. Ich schreie nicht, ich dekretiere nicht. Ich kann meine Meinung in Gesprächen ändern. Aber: Am Ende bin ich auch bereit, Entscheidungen zu treffen und die Verantwortung dafür zu übernehmen. Auch das ist wichtig.

Welche Rolle sehen Sie für sich als CEO in der digitalen Transformation?

Microsoft ist gleichzeitig Treiber und Getriebener. Mit unseren Collaboration-Lösungen, Cloud-Angeboten für Industrie 4.0, aber auch unseren Endgeräten für den mobilen Arbeits- und Lebensstil gestalten wir die digitale Transformation. Gleichzeitig verändert sich aber der Markt. Vereinfacht gesagt: Früher haben wir Softwarelizenzen innerhalb mehrjähriger Innovationszyklen verkauft. Heute müssen wir Kunden fortlaufend in Cloud-Lösungen beraten und bei ihrer individuellen digitalen Transformation begleiten. Dazu kommt eine besondere Situation in Deutschland: Wir hinken im internationalen Vergleich bei der Adaption von Cloud-Technologien hinterher – das gilt für alle Anbieter. Die Zurückhaltung der Deutschen hat viel mit der anhaltenden Diskussion um den Datenschutz zu tun. Deutsche Unternehmen, speziell im Mittelstand, sind da im Schnitt sensibler als ihre internationalen Wettbewerber. Sie erkennen die Vorteile, überlegen sich den Schritt in die Wolke aber sehr genau. Mit der Microsoft Cloud Deutschland erhalten Unternehmen eine vertrauenswürdige Cloud, in der die Kundendaten in zwei Rechenzentren in Deutschland gespeichert werden und der gesamte Zugriff auf Kundendaten von einem unabhängigen deutschen Datentreuhänder, der nach deutschem Recht handelt, kontrolliert wird. Die Umsetzung dieses Themas steht auf meiner CEO-Liste ganz weit oben.

Machen wir weiter mit dem Thema Innovation. Welche Rolle spielen bei Ihrer Technologieentwicklung User Experience und Diversity?

Ich beginne mal mit dem letzten Punkt, weil Diversität eine entscheidende Energiequelle im Unternehmen ist. Diversität fügt Perspektiven hinzu. Dabei kann aus unterschiedlichen Sichtweisen und Meinungen eine Stimme erwachsen, die gehört werden wird. Microsoft ist ein weltweit agierendes Unternehmen. Wir haben kulturell bedingt viele unterschiedliche Kommunikationsstile. Weil wir diese fördern und nicht einebnen, profitiert davon das ganze Team und damit das Unternehmen. Viele unserer Mitarbeiter haben regelmäßig Meetings mit ihren Kollegen am anderen Ende der Welt. Unsere hauseigenen Produkte helfen ihnen, im engen Kontakt zu sein und füreinander sichtbar zu bleiben – trotz räumlicher Distanz und kultureller Unterschiede. Und was die User Experience unserer Produkte angeht: Glauben Sie mir, da sind unsere Mitarbeiter begeisterte »Evangelisten«, aber auch gnadenlose Kritiker! Das ist der Vorteil, wenn Sie in einer Branche arbeiten, in der alle Mitarbeiter Ihre Produkte täglich nutzen können.

Der digitale Wandel bringt die Demokratisierung von Kommunikation, die Verflachung von Hierarchien bis hin zu selbstführenden Systemen mit, bei denen jeder Mitarbeiter unternehmerische Verantwortung übernehmen darf und soll. Was bedeutet diese Entwicklung für die Führung und Selbstführung eines Mitarbeiters bei Microsoft?

Unsere Mitarbeiter arbeiten im hohen Maße selbstständig. Wir haben vor zwei Jahren den Vertrauensarbeitsort eingeführt – was nichts anderes heißt als: Der Mitarbeiter entscheidet selbst, von wo aus und wann er am besten arbeitet. Überprüft wird bei uns daher nicht die Anwesenheit oder wie viele Stunden ein Kollege online gewesen ist. Gemessen wird unsere Leistung im Rahmen von Zielvorgaben. Hierbei ist es für Manager wie Mitarbeiter verpflichtend, sich regelmäßig über den Projektstatus auszutauschen.

Wie kann man in Zeiten der Vertrauensarbeitszeit und virtuellen Führung die Teamkultur fördern?

Also, wäre das Wort »Virtualität« vor 30 Jahren schon so geflügelt gewesen, hätten wir möglicherweise schon damals die Nutzung von

Telefon und Fax in größeren Unternehmen und Organisationen als virtuelles Miteinander eingestuft. Ganz ehrlich: So mancher Büroflur mit geschlossenen Türen bietet de facto weniger Begegnungsmöglichkeit als ein Chatfenster. Bei Microsoft unterstützen wir eine lebendige Präsenz- und Meetingkultur, fördern auch regelmäßige Team-Retreats. Die Kollegen, die häufiger von zu Hause aus arbeiten, fahren regelmäßig ins Büro für den persönlichen Kontakt. Solche Ankerpunkte bleiben in einer mobilen Arbeitswelt wichtig. Vor allem Kick-off-Meetings für größere Projekte, wenn sich die Leute nicht so gut kennen, finden meist in persona statt. Ich selbst lege ebenfalls großen Wert auf persönlichen Kontakt. Deshalb habe ich bereits in den ersten Wochen bei Microsoft unsere sechs regionalen Standorte besucht, um mit den Menschen direkt zu sprechen. Das werde ich auch künftig beibehalten. Auf Manager- und Mitarbeiterebene haben wir neben regelmäßigen One-on-One-Gesprächen zusätzlich vierteljährlich sogenannte Connects, wo ausführlich über geschäftliche und persönliche Zielsetzungen gesprochen wird.

Die Belegschaft von Microsoft Deutschland ist durchschnittlich über 35 Jahre alt. Wie führen Sie diese in die Welt der Collaboration und sozialen Netzwerke ein? Wie motivieren Sie zum Umdenken? Gibt es Programme dafür?

Intern und extern nutzen viele unserer Mitarbeiter die einschlägigen sozialen Netzwerke bereits sehr intensiv. Intern läuft ein Großteil der Kommunikation virtuell und vernetzt ab. Extern haben wir klare Prozesse und Zuständigkeiten im Unternehmen, wie wir die unterschiedlichen offiziellen Microsoft-Kanäle nutzen. Hinzu kommen zahlreiche Angebote für unsere Marketing- und Produktgruppen, sich für Social Media fit zu machen oder fortzubilden. Viele Mitarbeiter bringen auch ihre privaten Twitter- und Facebook-Accounts ein. Das wird nicht nur toleriert, sondern ist erwünscht. Wir vertrauen darauf, dass die Kollegen selbst einschätzen können, was wann und wie kommuniziert werden kann und was nicht. Bei kniffligen Fällen und Themen versenden wir sogenannte Social Advisories mit Empfehlungen oder Hintergründen. Das läuft recht rund. Aber eines ist klar: Auch bei uns gibt es noch die Generation E-Mail, und das ist auch gut so. Wir schreiben niemandem vor, welche Tools er nutzen soll. De facto wählt der Mensch die Werkzeuge, die ihm im Alltag am meisten nutzen. Allerdings arbeiten wir intensiv daran, dass unsere internen wie externen Kanäle einen hohen Nutzen haben. Und um mich nicht auszuschließen: Ich bin hier zum Teil selbst noch Lernende – aber neugierig dazuzulernen, um den Nutzen für mich und das Unternehmen abwägen zu können.

Noch drei Fragen zum Schluss: Haben Sie Angst vor der Zukunft? Welche Instrumente nehmen Sie auf Ihrer »Heldenreise« ins Unbekannte mit? Was motiviert Sie beim »boldly go« zu fremden Galaxien?

Ich gebe zu, dass ich unsere virtuelle Interviewsituation gerade genutzt habe, um mich kurz über unsere Suchmaschine schlauzumachen, was der Hintergrund zu Ihrer galaktischen Frage ist. Ich versuche es mal so: Mut auf dem Weg ins Unbekannte ist vielleicht punktuell nötig. Da kann Orientierungshilfe nicht schaden. Für meine Reise lasse ich mir deshalb von meinen Developer-Kollegen das neueste Modell unserer 3-D-Brille ins Handgepäck packen – inklusive einer Datenflatrate, damit ich auf das geballte Wissen in der Cloud zugreifen und weiterhin spannende E-Mails und Tweets senden und empfangen kann: So wie vor wenigen Wochen Rafael Reif, Präsident des MIT, der seinen Alumni mit begeisterten Worten die bahnbrechende Bestätigung der Existenz von Gravitationswellen mitteilte. Solche Durchbrüche bei der Grundlagenforschung faszinieren mich. Meine Neugier ist mein persönlicher Warp-Antrieb!

Herausforderungen, Lösungen und Entwicklungen

Das abschließende Canvas-Trio und die Frage, wie andere meinen Leadership-Style erleben.

Meine Herausforderungen

Im Feld 6 der Canvas geht es um das, was wir tun müssen, um Digital Leadership zu leben. Viele der Herausforderungen haben wir ja bereits beschrieben:

➤ Zur Digital Leadership benötigen wir eine Vision. Wie sollten uns selbst gut kennen, Haltung zeigen und als Vorbild dienen.

➤ Wir wollen nicht mehr, dass Menschen vereinzelt und auf Zuruf arbeiten müssen, dass sie Aufgaben erledigen, deren Kontext sie nicht immer kennen, dass sie von Mikromanagern kontrolliert werden und für Fehler abgestraft werden – vielleicht sogar öffentlich vor allen anderen.

➤ Wir erleben, dass Menschen unterschiedlicher Generationen unterschiedliche Kommunikationsbedürfnisse haben und unterschiedliche Digitalisierungsgrade mitbringen. Das macht die Zusammenarbeit zwar divers, aber auch kompliziert.

➤ Wir arbeiten heute mit Menschen aus und in unterschiedlichen Ländern, die in anderen Kulturen und mit uns wenig vertrauten Religionen leben. Auch sie wollen als Teammitglieder integriert werden.

Feld 6 der Digital Leadership Canvas hat die Funktion, Probleme aufzuzeigen, wie: Was klappt nicht bei der Kollaboration? Wie müssen wir unsere Prozesse ändern, damit Selbtsorganisation im Team möglich ist? Wo können wir Anregungen bekommen, was machen andere? Ein Blick nach draußen zeigt vielleicht, dass es in anderen Unternehmen nicht besser ist und sie mit ähnlichen Themen kämpfen. Aber auch, dass es sehr gute Beispiele für Digital Leadership gibt, die deutlich machen: Wenn man es wirklich will, kann man es schaffen.

Bin ich disruptiv, innovativ, sozial kompetent, entschlossen?

Vielleicht werden Sie im Feld 6 feststellen, dass Ihnen noch einige Denkweisen, Kompetenzen, Fähigkeiten oder Eigenschaften fehlen, um zu Ihrer persönlichen Digital Leadership Excellence zu gelangen.

Überlegen Sie also, welche Herausforderungen Ihnen auf dem Weg zur Digital Leadership begegnen werden. Fragen Sie sich: Bis zu welchem Grad bin ich disruptiv, innovativ, sozial kompetent, entschlossen in der Führung? Wo liegen meine Schwierigkeiten, unsere Vision zu leben und damit unsere Ziele zu erreichen? Wie steht es um meine Fähigkeit, umzudenken und Entscheidungen mit beiden Hirnhälften gemäß den Prinzipien der Effectuation zu treffen? Denke ich positiv oder bin ich der »Ja, aber«-Typ?

Wie kann ich ein Digital Leader werden, der eine Brücke von der klassischen in die digitale Welt schlägt? Dieses Feld wird sich im Laufe der Zeit zu einer persönlichen To-do-Liste entwickeln. Je präziser Sie Ihre Herausforderungen formulieren, desto besser ist Ihre Vorarbeit für Ihre Lösungen in Feld 7. Denn Feld 6 ist am Ende Ihre To-do-Liste, mit der Sie an Ihrer Digital Leadership Excellence arbeiten werden.

Meine Lösungen

Hier, in Feld 7, wird es in der Digital Leadership Canvas konkret. Auf Ihre Post-its für dieses Feld können Sie erste Lösungsansätze und Maßnahmen für die in Feld 6 gelisteten Herausforderungen notieren. Fragen Sie sich: Welchen Entwicklungsbedarf habe ich? Über welche Ressourcen verfüge ich, um den Herausforderungen zu begegnen? Welche Maßnahmen muss ich ergreifen, um den Herausforderungen in Feld 6 zu begegnen, um unsere Ziele in Feld 1 zu erreichen? Sie sehen: Alles ist mit allem verbunden. Wenn Sie große Visionen vorgeben, sind damit auch große Herausforderungen verbunden.

Einige der gestellten Aufgaben werden Sie allein bewältigen können, andere bewerkstelligen Sie besser gemeinsam im Team. Für manche Herausforderungen benötigen Sie vielleicht Unterstützung aus Ihrem Netzwerk oder einen Coach. In diesem Feld wird sehr deutlich: Es liegt an den Ihnen zur Verfügung stehenden Ressourcen, welche Lösungsansätze realistisch sind. Die Frage nach den Ressourcen ist der entscheidende Hebel, um Fortschritt zu erzielen.

Können Sie sich das leisten?

Also bleibt nur die Frage: Über welche Ressourcen verfüge ich? Überlegen Sie, ob der Einsatz Ihrer Ressourcen zur Erreichung eines bestimmten Ziels ausreichend bzw. angemessen ist. Sollten Sie beispielsweise feststellen, dass die digitale Kompetenz in Ihrem Team größtenteils nicht Ihren Vorstellungen entspricht, könnten Sie alle Mitarbeiter auf entsprechende Schulungen schicken. Das kostet Zeit und Geld. Können Sie sich das wirklich leisten? Alternativ könnten Sie einen digital kompetenten Mitarbeiter fragen, ob er Ihren Kollegen in kleinen Inhouse-Workshops zu bestimmten Themen Lösungen vorstellt und sie damit ihre digitale Kompetenz anhand von Beispielen aus der Praxis und mit Übungen verbessern. Bedenken Sie: In vielen Unternehmen gibt es für die Entwicklung Ihrer Digital

Leadership Excellence weder Ressourcen noch Budget. Möglicherweise gibt es sie dann, wenn Sie Ihren Bedarf in Feld 6 aufgeführt und mit Lösungsmaßnahmen versehen haben.

Mein Entwicklungsbarometer

Abschließend fordert die Digital Leadership Canvas Sie auf, über Ihre Erfolge nachzudenken. Ja, über Ihre Erfolge. In Feld 8 bestimmen Sie Ihre persönlichen Key-Performance-Indikatoren. Das können klassische Erfolgskriterien wie Gewinn, Wachstum oder Grad der Mitarbeiterzufriedenheit sein. Denkbar sind aber auch selbst ausgedachte Indikatoren wie ein Umdenk-Barometer, Lob von den Mitarbeitern für Ihre Fortschritte im neuen Führen oder weniger »Ja, aber«-Sagen. Zum Quantifizieren Ihrer erwartbaren Erfolge fragen Sie sich: Wie definiere ich Erfolg? Wie lassen sich meine Fortschritte auf dem Weg zur Digital Leadership Excellence messen? Und: Wie belohnen wir uns?

Wir kennen Organisationen, die es als Erfolg werten, wenn Meetings kürzer ausfallen, weil alle besser vorbereitet sind und bei ihren Wortbeiträgen mehr Selbstdisziplin zeigen. Damit zeigen sie eine Entschlossenheit, ihre Teamziele möglichst schnell erreichen zu wollen. Andere messen den Grad der Digitalkompetenz im Team. Oder inwieweit sie es schaffen, mittels Feedbackregeln Kritik zuzulassen und mit disziplinarisch Untergebenen auf Augenhöhe zu agieren. Wieder andere arbeiten an ihrer Sichtbarkeit im Netzwerk, legen sich persönliche Social-Media-Accounts zu und versuchen, eine bestimmte Anzahl von Fans und Followern in einem bestimmten Zeitraum zu gewinnen. Auch Vorhaben zur Work-Life-Balance oder die Abschaffung überflüssiger Routinen gehören in das Feld Erfolgsbarometer.

Je kreativer und fleißiger Sie bei der Erfindung von KPIs (Key-Performance-Indikatoren) für das Entwicklungsbarometer sind, desto mehr Erfolge werden Sie feiern. So geht Digital Leadership.

Mit Digital Leadership Excellence Ihre persönliche Zukunft gestalten

Die Digital Leadership Canvas als Karrierebooster und warum Sie auf bewährte Rezepte verzichten können

In den vorangegangenen Kapiteln haben wir sie motiviert, mithilfe der Digital Leadership Canvas Ihre Digital Leadership Excellence zu entwickeln. Sicherlich hätten Sie es gern, dass wir Ihnen beispielhaft zeigen, wie andere Führungskräfte ihre Canvas ausgefüllt haben. So, wie das in vielen klassischen Managementratgebern Usus ist: Man präsentiert eine Lösung und ermuntert den Leser, diese eins zu eins nachzuahmen.

So eine Lösung werden Sie in diesem Buch nicht finden. Warum nicht? Erstens: Es gibt kein »richtig« und kein »falsch«. Es gibt nur »funktioniert« oder »funktioniert nicht«. Da jedes Team und jeder Chef anders ist, möchten wir niemanden mit einem Rezept für alle irritieren.

Zweitens: Bewährte Rezepte oder Erfolgsformeln funktionieren im Zeitalter der digitalen Transformation nur bedingt. Dafür sind die Veränderungsdynamiken zu hoch. Die Halbwertzeit von Expertise und Fachwissen scheint immer kürzer zu werden. Deshalb ist es die vornehmliche Aufgabe von Leuten wie uns, grundlegende Kompetenzen zu vermitteln, mit deren Hilfe Menschen zu passenden Lösungen kommen können. Doch um zu wissen, was passend ist, braucht man Kriterien, auf deren Basis man eine brauchbare Entscheidung fällen kann.

Fünf Merkmale der Digital Leadership Excellence

Auch wenn es hier keine Rezepte gibt auf Ihrem Weg zur Digital Leadership Excellence, lassen wir Sie nicht allein. Mit der Canvas haben wir Ihnen ein Instrument gezeigt, mit dem Sie anhand weniger, aber sehr konkreter Fragen Ihre Führungsfähigkeiten testen und auf die neuen Herausforderungen anpassen können. Adapt to win.

Um Ihnen noch ein paar gedankliche Tipps für die Priorisierung Ihrer To-do-Liste mit auf den Weg zu geben, haben wir für die bereits erwähnten fünf Merkmale der Digital Leadership Excellence nachfolgende Beispiele entwickelt:

> Social Selling einführen (innovativ)
> Arbeitsprozesse verändern, delegieren lernen (disruptiv)
> Mentoring, Feedbackgespräche führen (sozial kompetent)
> Aus Konflikten lernen und Veränderung herbeiführen (mutig in der Führung)
> Work-Life-Balance herstellen (entschlossen)

Wie schaffen wir es, diese Veränderungen sinnvoll anzustoßen? Als Erstes sollte ein Gefühl für Dringlichkeit gemäß Kotter kreiert werden. Nur wenn eine Veränderung zwingend erforderlich ist, werden Menschen sie in Angriff nehmen.

Beginnen wir unseren Veränderungsprozess mit dem ersten Prinzip der Effectuation, der Ressourcenorientierung »Bird in Hand«. Unsere Leitfrage lautet: Was kann ich tun? Welche Ressourcen stehen mir aktuell zu Verfügung? Möglicherweise haben Sie aufgrund der ständigen Überbelastung wenig Kraft für anstehende Veränderungen. Damit kommen die Themen Konfliktmanagement, Feedbackgespräche und Social-Selling-Strategie am Anfang nicht infrage. Für die Implementierung einer Social-Selling-Strategie benötigen Sie vielleicht zusätzlich das Go von C-Level-Entscheidern, weitere Manpower und genügend Zeit, um diese aufzusetzen, zu testen und einzuführen. Vielleicht sollten Sie mit Ihrem Team erst einmal eine vernünftige Work-Life-Balance finden und Raum für Veränderung schaffen, bevor Sie mit großen Transformationen beginnen. Dafür gibt es nur einen Weg: Jede Person in Ihrem Team bekommt die Aufgabe, das eigene Arbeitsvolumen abzubauen. Das kann durch Weglassen von bestimmten Arbeitsschritten, durch eine Prozessoptimierung oder die neue Verteilung von Aufgaben erreicht werden. Damit haben wir erkannt, dass wir erst einmal disruptiv denken und unsere Prozesse neu strukturieren müssen, bevor wir mit anderen Digital-Leadership-Aufgaben starten können.

Jetzt könnte Ihr Vorgehen folgendermaßen aussehen: Als Führungskraft beginnen Sie, das Arbeitsaufkommen in Ihrem Team zu erfassen, zu clustern und gemeinsam zu entscheiden, was zukünftig gar nicht mehr oder nur in einem kleineren Umfang geleistet werden muss. Dabei gehen Sie nach dem Effectuation-Prinzip »Pilot in the Plane« vor. Sie konzentrieren sich auf die Aufgaben und Projekte, die Sie selbst beeinflussen können. Bevor eine Aufgabe als überflüssig aussortiert wird, sollte sie nach dem Prinzip des Affordable Loss bewertet werden: Was kann schlimmstenfalls passieren, wenn niemand die Aufgabe übernimmt? Wird es ein Problem mit einer Aufsichtsbehörde geben oder einen Qualitätsverlust für Ihre Kunden? Was ist hier tragbar und was nicht? Hier gilt es, die Folgen abzuwägen. Auch das Effectuation-Prinzip des Patchwork Quilt hat hier seine Berechtigung: Vielleicht gibt es einen Partner oder freien Mitarbeiter, der bestimmte Aufgaben übernehmen kann und damit sicherstellt, dass das Team seine Arbeitsbelastung stemmen kann? Überlegen Sie dabei, ob Sie outsourcen können, ohne den Headcount Ihres Teams zu gefährden. Nachdem Sie das Arbeitsaufkommen neu sortiert haben, können Sie das Ergebnis in einem darauffolgenden Teammeeting von allen absegnen lassen.

An dieser Stelle ist zu bedenken, dass die neue Arbeitsverteilung möglicherweise nicht mit dem überstimmt, was als Aufgabe in einer

Stellenbeschreibung oder in einem Mitarbeitervertrag beschrieben ist. Vielleicht muss hier nachgearbeitet werden. Es kann auch sein, dass für die neuen Aufgaben Kompetenzen notwendig sind, über die der Mitarbeiter zwar verfügt, die aber nicht in seiner Gehaltsstufe vorgesehen sind. Sollte dies der Fall sein, könnten Sie als Führungskraft schauen, ob nach dem Prinzip Lemonade der Zufall hier als Chance genutzt werden kann. Vielleicht lässt sich die höhere Anforderung mit Sonderzahlungen kompensieren oder der Mitarbeiter ist mit Freizeitausgleich einverstanden.

Sie sehen, Ihre Digital Leadership Excellence erreichen Sie nicht allein. Dafür brauchen Sie Verbündete – und einen guten Plan. Überlegen Sie jedes Mal aufs Neue: Wie lassen sich Veränderungsprozesse anstoßen und organisieren? Wen in meinem Netzwerk kann ich für mein Vorhaben gewinnen? Wie kann ich das Team einbinden? Ihre wichtigste Ressource sind die Menschen, mit denen Sie arbeiten. Investieren Sie in Ihre Mitarbeiter. Entwickeln Sie ihre Stärken, kümmern Sie sich um ihre Bedürfnisse. Miteinander reden, gemeinsam neue Regeln entwickeln, Konflikte erkennen und lösen – das ist die neue Prozessoptimierung.

Im Team zur Digital Leadership Excellence

Sicherlich kennen Sie den Begriff der Schwarmintelligenz. Schwarmintelligenz heißt im Managementkontext, dass man gemeinsam klüger ist als einer allein. Dies funktioniert, wenn die Summe aller zur Verfügung stehenden Intelligenzen auf ein gemeinsames Ziel gerichtet ist.

Damit Sie sich als Team in dieser Weise synchronisieren können, ist Wissen über neue Methoden und Tools erforderlich. Effectuation, agiles Management oder die Arbeit mit einer Canvas unterstützen Sie dabei, Ihre Organisation so einzurichten, dass Sie Ihre digitale Transformation optimal steuern können. Wer die Perspektive wechselt und alte Denkmuster überdenkt, kann radikalere Gedanken zulassen und all das über Bord werfen, was den Fortschritt verhindert.

Digital Leadership Excellence bedeutet, ein Mindset zu entwickeln, mit dem man schwierigen Managementfragen der Zeit adäquat begegnen kann. Damit Sie diesem Ziel noch näher kommen, schlagen wir vor, eine Innovationswerkstatt aus der Taufe zu heben, die einer losen Serie von Workshops gleicht. Stellen Sie gemeinsam mit Ihrem Team Inhalte für Workshops zusammen. Sie können auch anhand der Prioritäten, die Sie von Ihrer Digital Leadership Canvas abgeleitet haben, einen Fahrplan für Ihre nächsten Schritte erstellen. Im Austausch miteinander können Sie Ihre Visionen, also Ihr Zielbild, Ihr Leitbild, Ihre Mission sowie Ihre Vorgehensweisen planen, neue Regeln für die Kommunikation und Zusammenarbeit entwickeln, das Ressourcenmanagement optimieren und damit eine Prozessoptimierung zum Vorteil des gesamten Teams erreichen. Ihre Rolle hierbei wird vornehmlich die eines Moderators, Enablers, Coaches und Motivators sein – eben all das, was im Hintergrund nötig ist, um gemeinsam mutig in die Zukunft zu gehen. Damit Sie eine Vorstellung dafür haben, wie so etwas aussehen kann, haben wir für Sie thematische Workshop-Ideen aufgelistet:

Workshop-Idee 1: Disruption – wie denken wir neu?

»Wer nicht bereit ist, auch die eigenen Werte und Vorstellungen infrage zu stellen, ist als Führungskraft in einem Change-Prozess eine Fehlbesetzung und versursacht im Grunde nur Ressourcenverschwendung«, schreibt Hugo De Wit, CEO des Biotech-Unternehmens Sartorius Stedim Cellca, über den Innovationsprozess, den er gesteuert hat. Führungskräfte, die neue Geschäftsmodelle entwickeln oder Veränderungen in der Leadership erfolgreich meistern wollen, müssen disruptiv denken lernen. Denn Disruption ist die zwingende Voraussetzung für jede Innovation.

Der MIT-Forscher und Berater Claus Otto Scharmer empfiehlt, neue Modelle von der Zukunft her zu denken. Das heißt, Potenziale und Zukunftschancen zu erkennen und mit Blick auf die aktuellen Aufgaben zu erschließen.

Seine These ist, dass die Entwicklung einer Situation davon abhängt, wie man an sie herangeht. Also von den Ressourcen, dem eigenen Blickwinkel inklusive aller blinder Flecken und den eigenen Glaubenssätzen. Wie man seine Glaubenssätze auf den Kopf stellen kann, zeigt die nachfolgende Methode:

> *Identifizieren:* Finden Sie heraus, auf welchen Annahmen Ihr Führungsstil beruht. Wie lauten Ihre Leitsätze? Nach welchen Mustern agieren Sie? Welche sind Ihre aktuellen Key-Performance-Indikatoren?

> *Entdecken:* Decken Sie versteckte Glaubensätze auf, die in klassischen Unternehmen vorherrschen. Eine dieser Annahmen lautet: »Materielle Güter sind haltbar und zuverlässig. Menschen sind volatil und risikobehaftet.«

> *Invertieren:* Kehren Sie die Annahmen um: »Tatsächlich sind materielle Güter risikobehafteter als Menschen. Menschen sind zuverlässig und treu.« Merken Sie, wie dieser neue Satz Ihr Denken verändert? Finden Sie Beispiele, die diese These unterstützen. Vielleicht hat Ihr Unternehmen in eine Software investiert, die weniger effizient war als die bisherige und der Performance eher geschadet als genützt hat. Oder Sie haben ein Produkt entwickelt, das sich als Ladenhüter entpuppte. Möglicherweise haben die Menschen, die am Bedarf der User oder der Käufer vorbeientwickelt haben, Ihrem Unternehmen an anderer Stelle mit einer anderen Softwareentscheidung oder einem anderen Produkt wertvolle Dienste geleistet und es weit nach vorn gebracht. Was macht diese Erkenntnis mit Ihnen?

> *Extrapolieren:* Entwickeln Sie jetzt weitere Annahmen, die Ihren neuen Glaubenssatz betreffen. Schauen Sie, welche Auswirkungen diese auf Ihre Entscheidungen haben werden. Der Gedanke beispielsweise, dass Menschen und Mitarbeiter viel zuverlässiger sind als materielle Güter, wenn sie loyal sind, wenn sie einfach weitermachen und sich auch durch eine Fehlentscheidung nicht irritieren lassen. Diese Annahme verstärkt Ihren neuen Glaubenssatz, dass Ihre Mitarbeiter Ihre größte Ressource sind. Mit der Sichtweise könnten Sie beispielsweise Budgetprioritäten verschieben. Sie können jetzt argumentieren, warum es sich rechnet, Geld in die Weiterentwicklung Ihres Teams zu investieren – für Ihre Digital Leadership Excellence.

> *Agieren:* Die Lernaufgabe nach diesen gemeinsam herausgearbeiteten Erkenntnissen ist nun, gemäß dem neuen Glaubenssatz und den abgeleiteten Annahmen zu agieren.

Workshop-Idee 2: Werte und Sinn – was treibt uns an?

Wenn Sie Schwarmintelligenz leben wollen, sollten Sie wissen, wofür es sich aus der Sicht Ihrer Mitarbeiter lohnt, sich einzusetzen. Es ist die ewige Frage nach dem Sinn. Hier ist es hilfreich, die kulturgebenden Werte des Unternehmens herauszuarbeiten. Beschäftigen Sie sich mit der Firmenhistorie, um die nötige innere Stabilität für den digitalen Wandel zu finden. Fragen Sie sich: Welche vergessenen Geschichten oder sinnhaften Traditionen können Sie als Sinnbild wiederbeleben und in die neue Zeit übersetzen? Welche Werte verbinden Sie untereinander? Durchforsten Sie die Archive nach alten Fotos, Artefakten, Artikeln oder anderem Anschauungsmaterial, mit dem sich die Usancen, die Kultur und die Werte der Vergangenheit veranschaulichen lassen. Gehen Sie gemeinsam auf eine Reise ins Land der Erinnerungen und schöpfen Sie daraus sinngebende Werte für die Zukunft.

Bei der Sparda-Bank beispielweise handelt die Gründungsidee von der Hilfe zur Selbsthilfe. In einer Zeit, in der Beschäftigte der Reichsbahn nur vierteljährlich entlohnt wurden, gab es viele hungernde Kinder, weil ihre Eltern den Lohn nicht einteilen konnten. So liehen Kollegen ihnen Geld, das sie in Raten und mit Zinsen zurückzahlen mussten.

Im Zeitalter von Communitys und Hypervernetzung könnte ein genossenschaftlich aufgestelltes Finanzinstitut wie die Sparda-Bank die Kultur der kollegialen Hilfe zur Selbsthilfe als sinnstiftendes Element reaktivieren, um diesen Wert eine Community aufbauen und ihn als Inspiration für die Entwicklung einer digitalen Plattform für Customer-to-Customer-Geschäfte begreifen, bei der die Kunden sich gegenseitig unterstützen. Mit dem Wissen um die Gründerwerte können Sie nun in die digitalisierte Zukunft blicken. Fragen Sie sich: Wie wollen wir arbeiten? Wie wollen wir sein? Welche Werte bestimmen unsere DNA?

Workshop-Idee 3: Steuerung – wie gehen wir gemeinsam vor?

Um Komplexes steuern zu können, reichen die üblichen logisch-kausalen Entscheidungsmuster nicht mehr aus. Hier kommt die Kybernetik, die Wissenschaft vom Steuern, Regeln und Lenken, ins Spiel. Ohne die Kybernetik gäbe es keine Computer und Roboter, keine Elektronik und kein Internet. Komplexe Systeme werden durch sogenannte system-kybernetische Controls gesteuert, die im genetischen Code, in der DNA, verankert sind. Für diese Controls gibt es zwei kybernetische Steuerungsebenen: die Materie und die Energie. Die Energie fließt zwischen der Materie, sogenannten Hubs, und verbindet sie miteinander. Bezogen auf eine Firma kann man beispielsweise sagen: Diese Hubs sind Menschen, die energetisch miteinander verbunden sind. Wenn also eine Führungskraft (ein Hub) eine Entscheidung treffen muss, wird die Energie, die sie von anderen Hubs erreicht, ihre Entscheidungsfindung beeinflussen. Die empfangene Energie entspricht einem Momentum, einem Impuls aus dem eigenen Netzwerk, der uns inspiriert, eine Situation in eine gewisse Richtung zu steuern.

Sie haben zum Beispiel für irgendwann einmal einen Workshop über Bewegtbild geplant, weil Sie möchten, dass Ihr Team in der Lage ist, Lernsituationen für Ihre Digital Leadership Excellence mit dem Smartphone zu filmen und zusammenzuschneiden. Wenige Tage später treffen Sie bei einer Party den neuen Lebensgefährten Ihrer Nachbarin. Ole ist Social-Media-Manager, spezialisiert auf Smartphone-Videos. Natürlich nutzen Sie das Momentum und verabreden mit Ole, dass er Ihnen ein Angebot für einen Inhouse-Workshop mailt. Damit hat Sie ein Impuls aus Ihrem Netzwerk motiviert, das Thema vorzuziehen. Mit dieser Aktion können Sie sich als Digital Leader positionieren, weil Sie Ihr Team mit Social-Media-Aktivitäten vertraut machen und dafür sorgen, dass Ihr Team Fähigkeiten und Kenntnisse erwirbt, die in Ihrem Bereich in der Vergangenheit als überflüssig galten. Damit sind Sie als Hub aktiv geworden, um einen anderen Hub (Ole) zu motivieren, weitere Hubs (Ihr Team) in der Videocontent-Produktion fit zu machen. Wenn es dann mit der nächsten Lerneinheit weitergeht, kann es gut sein, dass Ihre Mitarbeiter diese filmen werden.

Workshop-Idee 4: Rollen – wie wollen wir zusammenarbeiten?

Sobald Ihre Vision und Werte klar umrissen sind, geht es als Nächstes um Fragen zu den Kommunikationswegen und -regeln, zu Rollen und Funktionen im Team. Unsere Erfahrung ist: Wenn Mitarbeiter den größeren Kontext verstehen, den sie selbst mitentwickelt haben, bauen sie seltener innere Widerstände auf. Selbst wenn sie sich nicht zu 100 Prozent emotional mit dem Change anfreunden können, werden sie die Veränderung nicht nur akzeptieren, sondern vorantreiben. Dafür wollen sie auch wissen, wie sie jetzt und zukünftig innerhalb der Organisation stehen werden.

Fangen wir mit den Fragestellungen zur Teamkommunikation an: 89 Prozent der Deutschen nutzen das Internet, 41 Prozent sind auf Social-Media-Kanälen aktiv. Es gibt mehr Mobilfunkverträge in Deutschland als Einwohner, 35 Prozent der Deutschen nutzen soziale Medien mobil. Das ist ein Zuwachs im Vergleich zum Vorjahr um vier Millionen Menschen bzw. 19 Prozent der Gesamtbevölkerung. Fast jeder im arbeitsfähigen Alter ist privat und/oder beruflich online, viele Menschen setzen sich aktiv mit den Möglichkeiten der digitalen Welt auseinander. Doch jede Generation ist darin unterschiedlich geübt. Und jede Generation scheint digitale Tools auf eine andere Art einzusetzen. Gibt es demnach generationstypische Kommunikationsarten oder -regeln, die Sie bei der Teamarbeit berücksichtigen sollten?

In einschlägigen Studien wurden Arbeitnehmer nach Generationen segmentiert: in Babyboomer, Generation X, Generation Y – auch Millennials genannt – und Generation Z. Diese Unterteilung soll dabei helfen, die Eigenschaften bestimmter Altersgruppen besser zu verstehen und ihre Bedürfnisse zu analysieren.

Die Generation der Babyboomer (Geburtsjahrgänge 1940 bis 1954) zählt demnach zu den Early Information Technology Adopters. Ihre Hauptinformationskanäle sind Fernsehen, Radio und Zeitung, das wichtigste berufliche Kommunikationsmittel das Telefon. Ihr berufliches Ziel ist, eine auskömmliche Rente zu erhalten.

Die Mitglieder der Generation X (Jahrgänge 1955 bis 1979) gelten als Digital Immigrants, für die der PC und erste Videospiele die neue Technologie bedeuteten und deren Hauptkommunikationsmittel während der Arbeit die E-Mail ist. Sie legen großen Wert auf Freizeit, ohne beruflich beansprucht zu werden, verstehen sich aber während der Arbeitszeit als Topperformer, zuverlässig und zu größter Leistungsbereitschaft fähig. Da sie so erzogen worden sind, dass man sein Wort hält, nennt man sie mancherorts auch »Generation Vertrag«.

Vertreter der Generation Y oder Millennials (Jahrgänge 1980 bis 1994) gelten als Digital Natives, die mit Handys, Onlinespielen und

Social Media groß geworden sind. Ihr wichtigstes berufliches Kommunikationsmittel sind Messenger und Collaboration-Tools, die man per Smartphone nutzen kann. In ihrem beruflichen Umfeld legen sie Wert auf Selbstbestimmung und größtmögliche Freiheit. Sie betrachten sich als Experten für Themen wie Nachhaltigkeit oder sozialen Fortschritt. Ihnen ist die Sinnhaftigkeit ihres Tuns sehr wichtig.

Jugendliche der Generation Z (Geburtsjahrgänge jünger als 1995) gelten als Technologie-Wizzards, die das Entrepreneur-Gen in sich tragen. Als sogenannte »Do it yourself«-Generation haben sie kein Problem damit, Neues auszuprobieren oder sich etwas mithilfe von Google, Youtube und Co. selbst beizubringen. Sie sind mit der Erkenntnis groß geworden, dass das Internet mehr über das Leben weiß als die eigenen Eltern.

Während also Babyboomer denken: »Oh, das ist aber kompliziert. Bevor ich etwas kaputt mache, muss ich erst einmal gründlich die Gebrauchsanweisung lesen«, probieren Generation Y und Z neue Geräte und Software ohne Hemmungen aus. Während Mitglieder der Generation X übertragene Aufgaben in der Regel klaglos und termingerecht ausführen, fragen sich Millennials, ob die Aufgabe mit ihren Werten vereinbar ist. Und die Generation Z möchte wissen, was es ihr bringt, den Job zu übernehmen. Dieses »What's in it for me?«, die Frage nach der Sinnhaftigkeit und dem Nutzen, ist übrigens nicht nur in der Mitarbeiterführung, sondern auch beim Social Selling erfolgsentscheidend.

Die Kategorisierung der Generationen nach ihrer Arbeitseinstellung und ihren kommunikativen Vorlieben ist natürlich stark vereinfacht und führt zu Verallgemeinerungen, bei denen sich vielleicht nicht jeder wiederfinden kann. Aber diese generationsbedingten Einstellungen können im Arbeitsalltag zu Konflikten führen. So wird Generation Z beispielsweise gelegentlich als unmotiviert, Generation Y als respektlos und Generation X als starrköpfig gebrandmarkt. Diese Bewertungen sind nicht hilfreich in einer Zeit, in der wir gemeinsam Veränderungen in der Arbeitswelt auf den Weg bringen müssen.

Ein sozial kompetenter Digital Leader, der mit ganz unterschiedlichen Menschen arbeiten muss, respektiert, dass jeder Mensch anders ist. Er versucht herauszufinden, was den einzelnen Menschen motiviert. Die einen wollen Lob und Anerkennung, die anderen ihre Ruhe, wieder andere Sicherheit oder ein gesundes Verhältnis von Input und Outcome. Gerade junge Menschen, die ihre Reputation mühsam über digitale Plattformen aufgebaut haben, tun sich schwer damit, sich für einen beruflichen Weg zu entscheiden. Mit einer gefühlten oder echten Fehlentscheidung laufen sie Gefahr, ihrem Ruf – und damit ihre mühsam auf Instagram und Snapchat aufgebaute Marke – zu schädigen oder gar zu zerstören. Wie bei mächtigen Managern, Politikern und Stars steht hinter ihrer scheinbaren Interessenlosigkeit an der Zukunft die Angst vor dem eigenen Versagen. Ein Digital Leader kann mit dieser generationsbedingten Vielfalt umgehen. Er begreift, dass der digitale Wandel möglichst mit allen zu meistern ist. Jeder Mitarbeiter, der im Rahmen seiner Möglichkeiten bereit ist, sich auf notwendige Veränderungen einzustellen, kann teilhaben und darf nicht ausgeschlossen werden.

Workshop-Idee 5: Selbstorganisation – was bedeutet Augenhöhe für uns?

Hier beschäftigen wir uns mit alternativen Leadership-Modellen. In den letzten Jahren sind viele Bücher erschienen, in denen von neuen Organisationsformen berichtet wird, die sinnstiftend sind, in denen das Agieren auf Augenhöhe und Vernetzung trotz größter Komplexität das traditionelle Leitbild von hierarchischer Führung ablösen. Neben Büchern wie *Reinventing Organizations, Holacracy* oder *Management 3.0* gibt es Videos und Slideshows, in denen Vordenker wie Laloux, Apello oder Robertson ihre Leadership-Modelle erklären. Schauen Sie sich das Material an und überlegen Sie gemeinsam im Workshop, welche Organisationsform in Ihre digitale

Zukunft passt. Diskutieren Sie mit Ihrem Team, wie sich die veränderten Rollen auf die Arbeitsorganisation und Kommunikation im
Team auswirken:

Was bedeutet es, wenn beispielsweise Hierarchien abgeschafft
werden und damit alle Teammitglieder gleich wichtig sind? Wie
sieht der Alltag aus, wenn jeder für die Erfüllung seiner Aufgaben
selbst Verantwortung übernimmt, seine Arbeitsweise selbst definiert und organisiert?

Natürlich ist es wichtig, bei der digitalen Transformation alle
Teammitglieder mitzunehmen und als tatkräftige Unterstützer an
Bord zu haben. Sie tun sich dabei leichter, wenn Sie bei den hoch
motivierten Mitarbeitern beginnen, die digital affin und verän-
derungsbereit sind. Machen Sie sie zu Fürsprechern der digitalen
Transformation und nutzen Sie ihren Einfluss innerhalb der Teams,
um andere zu begeistern und mitzureißen. Suchen Sie als Digital
Leader das Vieraugengespräch mit Unentschlossenen und Verwei-
gerern. Es muss nicht jeder von Anfang an Feuer und Flamme sein –
wichtig ist, dass Sie Störungen und offene Widerstände möglichst
verhindern. Es wird sicher einige Mitarbeiter geben, die nach einer
Eingewöhnungsphase die Vorzüge der neuen Arbeitsweise und Unternehmenskultur zu schätzen wissen und sich dann auch vermehrt
aktiv einbringen. Versprechen Sie zudem denjenigen, die partout
nicht mitmachen wollen, dass sie für eine Zeit in Ruhe gelassen werden. Unserer Erfahrung nach gehen diejenigen, die das Neue ablehnen, irgendwann von ganz allein. Bis dahin sollten Sie ihnen wertschätzend begegnen.

Workshops, Barcamps, Learnings

Die beschriebenen Wegweiser sind lediglich Beispiele für Herausforderungen, an denen Sie mit Ihrer Digital Leadership Canvas arbeiten können.

Ob Sie diese als Workshops umsetzen werden, als Zukunftswerkstatt, Barcamp oder Hackathon, hängt davon ab, in welcher Größenordnung Sie die digitale Transformation im Unternehmen vorantreiben wollen. Ist es ein unternehmensweites Projekt? Welches Budget steht zur Verfügung? Werden Mitarbeiter dafür freigestellt? Unterstützt die Unternehmensführung einen Innovation Day, beispielsweise im Barcamp-Stil? Sprechen Sie vorher mit den Mitarbeitern ab, wer eine Session zu einem Aspekt Ihrer digitalen Transformation vorstellen möchte. Das können Erfahrungen und Learnings aus einem eigenen Projekt wie etwa die Einführung eines digitalen Tools, produktivitätssteigernde Ansätze zum sinnhaften und glücklichen Arbeiten, agiles Management, Projektarbeit im virtuellen Team, Kommunikationsregeln für Ihr Team und vieles mehr sein. Denkbar wäre auch ein Hackathon-Format, bei dem sich Teams zusammenfinden, um gemeinsam Lösungen für aktuelle Fragestellungen zu erarbeiten.

Sie können auch mit kleinen Aktivitäten innerhalb Ihres Zuständigkeitsbereichs beginnen. Intervall-Workshops haben sich als geeignetes Tool herauskristallisiert, um zunächst im kleinen Rahmen Neues zu erarbeiten, eine emotionale Bindung innerhalb des Teams aufzubauen, die für den gemeinsamen Weg unerlässlich ist, und alle Beteiligten zu motivieren, ihre Erkenntnisse nach und nach in ihren Berufsalltag einzubinden. Setzen Sie für die nächsten Monate je einen halbtägigen Team-Workshop an mit dem Ziel, eine gemeinsame Digital-Leadership-Strategie zu entwickeln.

Erfolge feiern

Nach Ihrem ersten Team-Workshop mit Ihrer Digital Leadership Canvas werden Sie vielleicht mehr Herausforderungen als Lösungen erlebt haben. Das ist normal. Die wichtigste Regel beim Umdenken lautet: Lernen Sie, wann es sinnvoll ist, Ihren Führungsstil anzupassen. Schauen Sie sich die Menschen an, die Situation, die Ziele und die Ressourcen. Üben Sie zu erspüren, wann etwas mehr vom Alten und wann mehr vom Neuen gebraucht wird. Dann agieren Sie situationsabhängig: mal hierarchisch wie ein Boss, mal systemisch wie ein Hub in einem Netzwerk, mal heroisch, mal postheroisch. Während Sie die Wechsel üben, belohnen Sie sich mit Gelassenheit. Denn zur Leadership im Zeitalter der Digitalisierung gehört auch, dass man nicht jede Frage sofort beantworten kann. Sie müssen als Chef nicht mehr alles besser wissen. Stehen Sie dazu!

Verabreden Sie sich regelmäßig mit jedem einzelnen Mitarbeiter, um gemeinsam mit ihm an seiner eigenen Digital Leadership Canvas zu arbeiten. Loben Sie Fortschritte im Detail und lassen Sie sich die Herausforderungen schildern. Aktives Zuhören ist hier gefragt. Und wenn jemand von Ihnen wissen will, warum Sie so viel Zeit mit Ihren Mitarbeitern »verschwenden«, dann erklären Sie ihm, was Digital Leadership Excellence heißt! Zeigen Sie öffentlich, dass Sie Ihr Kommunikationsverhalten ändern.

Ein letztes Wort noch zum Thema »Erfolge feiern«. Das müssen keine rauschenden Partys sein. Es reicht schon aus, wenn Sie vor Ihren regelmäßig stattfindenden Workshops mal ein Frühstück einplanen, bei dem Sie, der Chef, eigenhändig den Tisch decken und den Kaffee einschenken. Loben Sie auch die Erfolge Ihrer Mitarbeiter: 50 Follower auf Twitter, das Arbeiten mit der Dropbox oder seit vier Wochen kein »Ja, aber«.

Das gilt es zu feiern!

Schlusswort, aber nicht das Ende

Digital Leadership ist derzeit das wichtigste Tool für Führungskräfte. Mag sein, dass schon in wenigen Jahren jeder Chef so digital und sozial kompetent aufgestellt ist, dass wir den Begriff nicht mehr verwenden müssen. Doch bis dahin ist noch viel zu tun!

Sie wissen jetzt, dass man zum Digital Leader nicht geboren sein muss. Dieses Mindset können Sie sich aneignen. Zur Orientierung und als Instrument haben wir Ihnen die Digital Leadership Canvas vorgestellt.

Doch Sie werden den Erfolg nicht von heute auf morgen sehen. Um Veränderungen nachhaltig voranzutreiben, brauchen Sie Zeit, Energie und einen gewissen Willen zum Erfolg.

Wenn Sie sich mit dem Dreiklang von Selbstführung, Teamführung und Prozesse-Gestalten beschäftigen, wenn Sie eine Sichtweise entwickeln, die offen ist für Veränderung, wenn Sie sich mit neuen Technologien auseinandersetzen, Collaboration-Tools und soziale Netzwerke testen und sich für die Digitalisierung der Welt interessieren, dann sind Sie schon sehr weit gekommen.

Und wenn Sie wissen, welche Vision von Digital Leadership es wert ist, dass Sie gemeinsam mit Ihrem Team den großen Veränderungsprozess namens digitale Transformation gestalten, dann sind Sie auf einem guten Weg. Mit dieser Vision gehen Sie entschlossen voran, werden zum Vorbild für Ihre Fans und Follower, bauen Brücken von der alten in die neue Welt.

Am Ende geht es darum: Einfach machen!

Literatur

Appelo, Jürgen (2011): Management 3.0. Leading Agile Developers, Developing Agile Leaders, Boston

American Psychological Association, The Road to Resilience, http://www.apa.org/helpcenter/road-resilience.aspx

Baecker, Dirk (2015): Postheroische Führung, Wiesbaden

Berndt, Christina (2013): Resilienz – Das Geheimnis der psychischen Widerstandskraft, München

http://www.bertelsmann.de/news-und-media/nachrichten/bertelsmann-startet-trainee-programm-fuer-geisteswissenschaftler.jsp

Bitkom (2016): d!conomy – Digitalisierung der Wirtschaft, https://www.bitkom.org/Presse/Anhaenge-an-PIs/2016/Maerz/Digitalisierung-Gesamtwirtschaft.pdf

Bitkom Digital Office Index (2016): Studienbericht, S. 68, https://www.bitkom.org/Publikationen/2016/Sonstiges/Bitkom-Digital-Office-Index-Ergebnisbericht/2016-05-31-Bitkom-Digital-Office-Index-Studienbericht.pdf

Brand eins, Trotzdem, Heft 6, Juni 2016, S. 4

Brand eins, Neue Arbeit, Heft 3, März 2017

Brand eins, Mut, Heft 4, April 2017

Buhse, Willms (2014): Management by Internet. Neue Führungsmodelle für Unternehmen in Zeiten der digitalen Transformation, Kulmbach

Buhse, Willms(2015): Digital Leadership? Der Großteil führt noch klassisch auf, https://doubleyuu.com/blog/digital-leadership/

Capital, Besser ohne Chef, Heft 10, Oktober 2016

Carle, Thomas; Fraser, James (1841): On Heroes, Hero-Worship, and The Heroic in History, London

Computerwoche, Leadership im digitalen Zeitalter, 30.1.2016

Crisp Research AG (2015): Business Readiness – Wie deutsche Unternehmen die Digitale Transformation angehen, http://www.dimensiondata.com/de-DE/Downloadable%20Documents/Digital%20Business%20Readiness%20Crisp%20Research%20Article.pdf, S. 15., ausführlicher dazu der Report zum Download https://www.crisp-research.com/report/digital-leader/

Fortune 500 CEOs on Twitter (2014), in CEO.com

de Wit, Hugo (2016): Der Chef ist nicht allein für den Wandel verantwortlich, in: Harvard Business Manager, Sonderheft Changemanagement, S. 14 f.

http://www.digitalmediawomen.de/2016/10/12/dmwkaffee-mit-magdalena-rogl-von-der-kindergaertnerin-zum-head-of-digital-channels/

http://www.digitalmediawomen.de/2017/01/20/ein-dmwkaffee-mit-franziska-bluhm-ueber-medieninnovationen-und-10-jahre-goldene-blogger/

http://www.digitalmediawomen.de/2016/09/06/dmwkaffee-mit-niddal-salah-eldin-ueber-trolle-hate-und-humor-als-einstellungskriterium/

Dueck, Gunter (2016): Was von der Arbeit übrig bleibt, in: Merton. Onlinemagazin des Stifterverbandes, https://merton-magazin.de/was-von-der-arbeitswelt-%C3%BCbrig-bleibt

EY (2016): Could Trust Coast You a Generation of Talent? http://www.ey.com/Publication/vwLUAssets/ey-could-trust-cost-you-a-generation-of-talent/$FILE/ey-could-trust-cost-you-a-generation-of-talent.pdf

Ehrlich, Brenna: Kenneth Cole's #Cairo Tweet Angers the Internet, in: mashable.com, http://mashable.com/2011/02/03/kenneth-cole-egypt/#ZPryvEZKFmqw, online gelesen am 25.04.2016

http://www.faz.net/aktuell/wirtschaft/unternehmen/klimaabkommen-goldman-sachs-chef-blankfein-kritisiert-trump-15043908.html

http://fuckupnights.com/

http://www.gallup.de/183104/engagement-index-deutschland.aspx

GDI Impuls, Liquid Leadership: Wer führen will, muss schwärmen können. Vorschläge zum Chefsein von morgen. Nr. 3, 2016

Greenleaf, Robert (1991): The Servant as Leader. Neuauflage. Atlanta, Georgia

Handry, John (2006): Management Education and the Humanities. The Challenge of Post Bureaucracy, in: Gagliardi, Pasqual; Czarniawska, Barbara (Hg., 2006): Management Education and the Humanities, S. 158

Harvard Business Manager, Das perfekte Team. Ihre Leute können Sie sich nicht immer aussuchen – aber Sie können sie gut führen, Juli 2016

Harvard Business Manager, Nach Ganz Oben: Flexibel sein, richtig zuhören, überzeugen – mit welchen Soft Skills Manager Karriere machen, April 2015

Harvard Business Manager, Personalmanagement: Wie sich die umstrittestenste Abteilung im Unternehmen ändern muss, Februar 2017

http://www.heise.de/newsticker/meldung/Otto-Versand-zweitgroesster-Online-Haendler-weltweit-40859.html

Hemel, Gary (2016): Harvard Business Manager, Sonderheft Changemanagement. Wie agilen Unternehmen der Neustart gelingt, S. 104–109

Herrmann, Hans-Dieter; Mayer, Jan (2014): Make them go! Was wir vom Coaching für Spitzensportler lernen können, Hamburg

Hootsuite/We are social: Digital in Western Europe (2017), S. 80, http://www.slideshare.net/wearesocialsg/digital-in-2017-western-europe

Hübschen, Thorsten; Frank, Elke (2015):Out of Office, München

Huffington Post, Arbeiten Sie schon 4.0? Tipps für erfolgreiches Digital Leadership, 28.7.2016

IESE Business School: 5 Keys To A Digital Mindset, in: Forbes vom 11.03.2014, http://www.forbes.com/sites/iese/2014/03/11/the-5-keys-to-a-digital-mindset/#7db719ae1626

Jacobs, Volker (2015): Da geht noch was, in: Harvard Business Manager, http://
www.harvardbusinessmanager.de/blogs/vom-einzelkaempfer-zum-enterprise-
leader-a-1066700.html

Janssen, Bodo (2016): Die stille Revolution: Führen mit Sinn und Menschlichkeit,
München

Knoblauch, Jörg (2013): Die Chef-Falle. Wovor Führungskräfte sich in Acht nehmen
müssen, Frankfurt, 3. erweiterte Auflage, S. 75ff.

kollegen.ausderhoelle.de

Kotter, John P. (1990): Force For Change: How Leadership Differs from Management,
New York

Kotter, John P. (2015): Accelerate, München

http://www.kotterinternational.com/the-8-step-process-for-leading-change/

Krims, Jan: Führung verbessern. Warum das so schlecht klappt, in: Der Standard vom
26.09.2016, derstandard.at/2000044776388/Fuehrung-verbessern-Warum-das-so-
schlecht-klappt

Kruse, Peter (2010): Kontrollverlust als Voraussetzung für die digitale Teilhabe, in: Burda,
Hubert: Döpfner, Mathias; Hombach, Bodo; Rüttgers, Jürgen (Hg.): Klartext. Essen

Kruse, Peter (2014): Acht Regeln für den totalen Stillstand, https://www.youtube.com/
watch?v=VB2R-w6meqY.

Laloux, Frederic (2014): Reinventing Organizations. Ein Leitfaden zur Gestaltung
sinnstiftender Formen der Zusammenarbeit. München

Libert, Barry; Beck, Megan; Wind, Yoram (2016): Strategy: To Go Digital, Leaders Have
To Change some Beliefs, in: Harvard Business Manager vom 1. Juni 2016, https://hbr.
org/2016/06/to-go-digital-leaders-have-to-change-some-core-beliefs

Lipowski, Sylvia (2016): Führen in der digitalen Welt: Leadership 4.0, in:
ManagerSeminare Heft 22

Lobo, Sascha, Rede "The Age of Trotzdem", https://www.youtube.com/
watch?v=bkvhUDAQQ3U

Luhmann, Niklas (1975), Macht, Stuttgart

Luhmann, Niklas (1989): Vertrauen. Ein Mechanismus der Reduktion sozialer
Komplexität, Stuttgart

Luhmann, Niklas (2016): Der neue Chef, Berlin

Meyer, Erin (2014): Public Affairs: The cultural Map. Decoding how people think, lead,
and get things done across cultures

Osterwalder, Alexander; Pigneur, Yves (2011): Business Modell Generation. Ein
Handbuch für Visionäre, Spielveränderer und Herausforderer, Frankfurt

https://en.oxforddictionaries.com/definition/%E2%80%94%E2%80%94_from_hell

Paschek, Peter (2015): Leadership in der digitalen Welt, Baden-Baden

Pachmajer, Michael;Hentrich, Carsten (2016): d.quarks – Der Weg zum digitalen
Unternehmen, Hamburg

http://www.planet-wissen.de/gesellschaft/psychologie/angst/index.html

https://re-publica.de/16/session/cargo-kulte

Riemann, Fritz (1997): Grundformen der Angst, München

Robertson, Brain J. (2016): Holacracy: Ein revolutionäres Management-System für eine volatile Welt, München

Russell Reynolds Ass. (2015): Productive Disruptors: Five Characteristics That Differentiate Transformational Leaders, http://www.russellreynolds.com/insights/thought-leadership/productive-disruptors-five-characteristics-that-differentiate-transformational-leaders

Der Standard, Einen Tag Chef sein. Was Mitarbeiter anders machen würden, in: Der Standard vom 08.07.2016

Sarasvathy, Saras (2008): Effectuation: Elements of Entrepreneurial Expertise, Cheltenham; weitere Veröffentlichungen unter www.effectuation.org

Scharmer, Claus Otto (2014): Theorie U: Von der Zukunft her führen: Presencing als soziale Technik, Heidelberg

Schiel, Andreas (2016): Ist Vertrauen rational? Mit Luhmann gegen der Old-Work-Kater, Teil 4, https://arbeitmorgen.wordpress.com/2016/04/15/ist-vertrauen-rational-mit-luhmann-gegen-den-oldwork-kater-teil-4/

Stoll, Ingo; Buhse, Willms (Hg., 2016): Transformationswerk Report 2016, https://www.transformationswerk.de/studie/

Summa, Leila (Hg., 2016): Digitale Führungsintelligenz: Adapt to win, Wiesbaden, S. 18

The Workforce of Tomorrow, http://image.slidesharecdn.com/workforceoftomorrow-131219111444-phpapp02/95/the-workforce-of-tomorrow-1-638.jpg?cb=1387451733

Vašek, Thomas (2016): Die Zeit der Helden ist vorbei, in: Hohe Luft 4/2016, S. 6

Weinberg, Ulrich (2015): Network Thinking, Hamburg

Weitekamp, Lea (2015): Bist du eine gute Führungskraft? Finde es raus – mit der Digital Leadership Canvas im t3n Magazin, http://t3n.de/news/gute-fuehrungskraft-digital-leadership-canvas-612156/, online gelesen am 18.03.2016

Wirtschaftwoche Global #neuland, Führung im digitalen Zeitalter: Wie Topmanager den Wandel gestalten, Ausgabe 1, 2016

Wissensmanagement 6/2016: Digital Leadership – kreativ denken, innovativ handeln

http://blog.wiwo.de/look-at-it/2013/10/15/die-geschichte-von-twitter-vom-ersten-tweet-2006-bis-zum-borsengang-7-jahre-spater/

Zeit Online (2017): Deutsche-Post-Chef ruft zu stärkerer Twitter-Nutzung auf, in: http://www.zeit.de/news/2017-01/22/deutschland-deutsche-post-chef-ruft-zu-staerkerer-twitter-nutzung-auf-22153605

Stichwortverzeichnis